彭程的优美人生

法式甜点

• 彭 程　主编

Pâtisserie
Française

中国轻工业出版社

图书在版编目（CIP）数据

法式甜点 / 彭程主编 . —北京：中国轻工业出版

社，2023.6

ISBN 978-7-5184-4300-0

Ⅰ. ①法… Ⅱ. ①彭… Ⅲ. ①甜食—制作 Ⅳ.
①TS972.134

中国国家版本馆 CIP 数据核字（2023）第 042256 号

责任编辑：王晓琛　　　责任终审：高惠京　　封面设计：伍毓泉
版式设计：锋尚设计　　责任校对：朱燕春　　责任监印：张　可

出版发行：中国轻工业出版社（北京东长安街6号，邮编：100740）
印　　刷：鸿博昊天科技有限公司
经　　销：各地新华书店
版　　次：2023年6月第1版第2次印刷
开　　本：787×1092　1/16　印张：22.5
字　　数：500 千字
书　　号：ISBN 978-7-5184-4300-0　定价：238.00元
邮购电话：010-65241695
发行电话：010-85119835　传真：85113293
网　　址：http://www.chlip.com.cn
Email：club@chlip.com.cn
如发现图书残缺请与我社邮购联系调换
230632S1C102ZBW

编委会

主 编

彭 程

编委成员

尼古拉·皮艾尔·让－雅克
（Nicolas Pierot Jean-Jacques）

冷辉红　丁小斌　陈 霏

长安开元教育集团研发中心

编 译

田径忆

推荐序一

　　彭程给我的印象，是一个实干家、女企业家；这种实干的天性，我同样能在她作为西点师的生涯中感受到。她对法式西点的热情从巴黎费朗迪学院开始点燃，而我们也是在一次西点制作公开演示中相识。

　　我们都非常享受传播西点烘焙知识，而在这点上，彭程以精彩的方式在中国开启了一个全新的局面。我也每每感叹于新事物在中国的传播速度之快，2011 年，我向她推荐了我的最新甜品"浮云卷"，得到了她的赞叹，并许可她教授给她在中国的学员。让我惊叹的是，一年间，这个小蛋糕居然广为行业内外所欢迎，并成为"彭程西式餐饮学校"最有名的代表作之一，这让我始料未及并由衷地感到开心。

　　她不只是开设了一所学校，还创造了一个前所未有的传播法式甜点的平台。她以开放的心态，勇敢地追求着推广法式甜点这种具有深厚文化底蕴的新事物，培养了全新一代的中国西点师。

　　多年来，彭程把她的期望和激情倾注于此，她被认为是法式甜点在亚洲的重要代表之一。此次，彭程推出了她的第一本西点书，一如既往让我们看到了她对法式甜点的激情。而我也想借这次机会，谢谢她让我们能有这样超越国界和文化的交流，而这件事情她整整坚持了 10 年。

　　希望此书开启我们所热爱职业的新篇章！

安杰罗·穆萨

法国最佳西点师荣誉获得者

西点世界冠军

Peng Cheng est une femme d'action, une femme d'affaires, une entrepreneuse, et c'est ce même instinct que l'on retrouve dans sa carrière en tant que cheffe pâtissière. Alors que sa passion pour la pâtisserie française prenait vie au sein de l'école Ferrandi, elle était venue assister à une de mes démonstrations, un lien s'est noué pour se transformer en amitié autour de notre métier.

Je cite ici un exemple pour illustrer l'engouement pour la pâtisserie française qu'elle a suscité en Chine. En 2011, j'ai montré un roll-cake à elle, elle l'a tout de suite aimé; et ce roll-cake s'est figuré parmi les recettes de la formation de son école. En espace d'un an, c'est déjà un produit non seulement connu des professionnels chinois mais aussi d'une vaste clientèle consommatrice.

Nous avons également en commun ce goût prononcé pour a transmission, et on peut dire que Peng Cheng à su lui donner une dimension inédite en l'important de la plus belle des manières chez elle en Chine.

En fondant "Belle Vie", elle a offert plus qu'une école, mais bien un podium sans précédent à la pâtisserie française. En choisissant de former une génération entière auprès des meilleurs chefs, elle a poursuivi cette quête d'un héritage tout en l'ouvrant sur une culture nouvelle.

Peng Cheng a mis son ambition et son dynamisme au service de notre savoir, devenant ainsi une des figures de la pâtisserie française en Asie. Son école ne pouvait que rencontrer un succès retentissant avec une telle personnalité à sa tête. En faisant ici le choix de signer un livre de recettes pour son premier ouvrage, elle démontre une fois de plus sa passion pour la formation qui célèbre encore et toujours la pâtisserie française. Alors Peng Cheng, je saisis l'occasion de te remercier pour cette aventure au-delà des frontières que tu nous fais vivre, et ce depuis plus d'une décennie, un nouveau pan à notre beau métier !

Chef Angelo Musa

Meilleur Ouvrier de France pâtissier-confiseur

Champion du monde de la pâtisserie

推荐序二

当我接到彭程为她新书题序的邀请,不禁觉得,这是多么荣幸的一件事啊!

很多年前,当第一次访问中国时,我认识了彭程,便立刻被她身上的责任感和对法式甜点的全心投入所吸引。在工作中,她满溢的精力和对法式甜点职业的激情让我们迅速找到了共同话题,拉近了我们的距离。

我也因此欣然接受邀请,多次到她创立的"彭程西式餐饮学校"授课,与那里的学员和老师们互动。在这所学校里,每次交流都让我觉得愉悦;更让我处处感受到的,是她通过领导这所学校传达出来的我们这个美好职业里所公认的一些核心价值观。

彭程是我欣赏的西点匠人之一,她属于那种真心热爱职业的西点师,她蕴含的无限精力热情让我们美好的职业在世界各地传播、发光发热。

倾注我所有的友谊!

扬·布利斯

法国最佳西点师荣誉获得者

Quel honneur de pouvoir écrire un mot dans le livre de Peng Cheng.

J'ai rencontré Peng Cheng lors de ma première visite en Chine et j'ai été séduit par son engagement envers la pâtisserie.

Son dynamisme et sa passion pour le métier nous ont vite rapproché. J'ai par la suite pris plaisir à venir animer des cours dans la superbe école "Belle Vie" qu'elle avait créé afin d'y transmettre les valeurs de notre beau métier.

Elle fait partie de ces professionnels que j'apprécie, car c'est avant tout une passionnée qui au travers de son énergie fait briller notre beau métier à travers le monde.

Avec toute mon amitié

Yann Brys

Meilleur Ouvrier de France

推荐序三

    彭程一直在为法式甜点在中国的传播贡献着力量。

    这是彭程第一次用书籍作者的身份来分享她对法式甜点的理解，同时也邀请了国内外的法式甜点老师参与制作。书籍里包含了法式甜点的基础理论与产品，涉及内容概括性很强，产品综合了法式甜点的类型特点，讲述清晰翔实，步骤简洁干净，是一本用心制作的书籍。

    法式甜点在中国的传播还有一定的局限性，这与我们不同区域的经济发展和社会文化有很大的关系，经过这些年的推广，目前它开始慢慢走入我们的日常生活，其食用特点及产品特点受到许多人的喜爱。在法式甜点的发展过程中，很多人听说过它，但是不一定真的了解它，或许这本书是一个很好的窗口。

    书籍内的材料、工具、技法保留了法式甜点作为"舶来物"的特点，产品难度有高有低，叙述与图示展出比较准确详细。跟着制作，可以复刻出一款地道的法式甜品。

    相信大家都可以成功！

王森

推荐序四

初识作者是在五年前的焙烤展，站在我面前的这位年轻秀丽的女子竟然是在我国烘焙培训行业中风生水起、如雷贯耳的彭程西式餐饮学校的创始人——专注法式西点培训的彭程老师，立马就有一种后生可畏的感觉。由于有着共同的职业，在后来五年的工作往来中，彭程给我留下了谦逊矜持、敏而好学、业精于勤、感恩戴德的印象。

行成于思，从星城到申城。在长沙起步，到上海发展。在长沙酝酿，到上海成书。11年栉风沐雨，11年春华秋实，执着和追求铸就了《法式甜点》。

这本书不仅描述了法式甜点的精髓，而且体现了中华文化的开放和包容；不仅可以"洋为中用"，亦有海纳百川、追求卓越的上海城市精神；不仅是对法式甜点的怀旧，还有更多的创新和独特的时尚品位。

书中甜点门类齐全，几乎涵盖法式甜点的所有大类。结构严谨，脉络清晰，将专业训练与基础理论有机融合，通过多元资源的连接，突出法式甜点制作的技术要点，使读者可以原汁原味地学习法式甜点技艺，随时随地感受到法国饮食文化的熏陶。

感谢这本书拓展了读者的国际化视野，激发了学习兴趣，给读者带来颇多的甜点制作的新原料、新工艺、新技术和新产品；感谢彭程为推动我国烘焙行业技术进步，满足人们追求美好生活的向往所做出的努力。

祝彭程老师在优美人生的路途上鹏程万里！

史见孟

自序

认识我的人，也许都听过这样一个故事：多年前有位小女生曾经对话法国西点学校面试官，立志要把法式烘焙带到中国，让中国人都吃到纯正健康的法式烘焙产品。直至今日，历经种种，我才明白那时的我，多么年少轻狂。

然而多年过去，我依旧在心中强烈地思考、琢磨这句话，为了这个梦想，我竟一直从未放弃！没错，我是一个执拗的人。

当然，我同样认为，在这个浮躁的社会里，只有既纯粹又有远见卓识的人才能真正地做好"专业技术"，彭程西式餐饮学校的诞生也萌发于我的这份"执拗"。一直以来，我为学校选培每一个老师的标准只有一个：足以成为每一位热爱烘焙的学生信服的职业榜样。我和我的技术团队尊重传统，追求创新，立志赋予古老传统的法式烘焙最前沿的解读，在经典配方的构成元素里注入无限的新意。

如今，彭程西式餐饮学校作为享誉国际的法式烘焙培训机构之一，不断创新提速，我们创立了中国最早的、完善的法式烘焙教学系统，助力近两万名烘焙爱好者走向职业道路。与此同时，也开创了一大批不会随着时间推移而轻易被淘汰的经典配方，而这些配方，也成为今天这本书得以出版的基础。

2020年，彭程西式餐饮学校正式加入长安开元教育集团，在集团的支持下，成立了彭程烘焙研发中心，我有幸带着一批优秀的年轻烘焙人全身心投入技术淬炼和研发创新中，这也成为这本书得以出版的又一保障。

在传统的认知里，烹饪的目的就是制作食物。在我看来，这并非唯一的目的，能让每一位对烘焙感兴趣的人创作出令人惊叹的、无法解释的、为之动容的全新世界，才是烹饪的宗旨所在。那些普通的面粉、鸡蛋、奶油等基本食材，通过我们日复一日简单枯燥的练习而积累的感觉、专注力、想象力以及对食物的爱，去改变它们的基本状态后，幻化出全新的生命力，变成被人欣赏的美食艺术，这本身不就是一种令人惊叹的美好吗？

我为能从事烘焙师这样美好的职业而倍感骄傲，为能成为美食艺术的传播者和分享者而感到自豪。非常庆幸能够与这么多追求卓越、享受将食材和料理技术相融合的烘焙师们一起推动这本书的出版！

彭程简介

中华人民共和国第一届全国职业技能大赛·裁判员

第二十三届全国焙烤职业技能竞赛上海赛·裁判长

长沙市第一届职业技能大赛·裁判长

广西壮族自治区第二届职业技能大赛·裁判长

世界巧克力大师赛巴黎决赛·裁判员

FHC 国际甜品烘焙大赛·裁判员

国家职业焙烤技能竞赛·裁判员

第五届西点亚洲杯中国选拔赛·裁判员

国家糕点、烘焙工·高级一级技师

国家职业技能等级能力评价·质量督导员

法国 CAP 职业西点师

彭程西式餐饮学校创始人

长安开元教育集团研发总监

法国米其林餐厅·西点师

中欧国际工商学院 EMBA 硕士

目录

基础知识

小蛋糕

分享型慕斯

挞类

旅行蛋糕

酥类

盘饰甜品

巧克力和糖果类

扫码查看封面款（焦糖榛子牛奶花派）
配方及制作方法。

基础知识

工具

1 厨师机

厨师机在甜品行业中的运用非常广泛，它可以基本替代人工的搅拌工作。当然，重要的是要持续监控优化它，尽量避免某些可能损害机器平稳运行的情况。

2 球桨

用于打发，它能帮助将空气注入需要打发的材料（如蛋清、淡奶油等）中。

3 叶桨

它能在不带入空气的前提下，将混合物搅拌均匀，经常用于搅打细腻的奶油或酥脆类面团。

4 勾桨

用于搅打需要起筋或比较硬的面团，如布里欧修面团、巴巴面团、反转酥皮的面皮部分等。

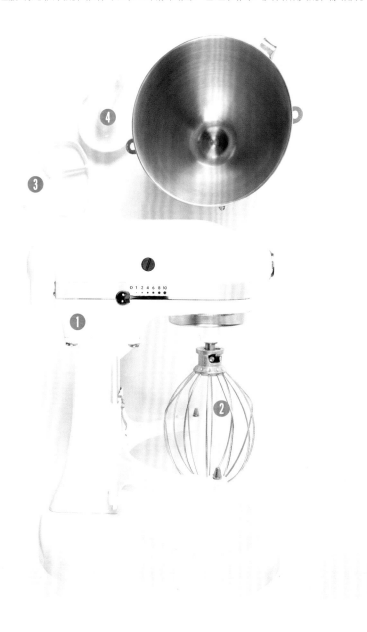

1 烘焙油纸

烘焙油纸也叫硅油纸，它是一种非常薄的、两面皆有食品级硅油附着的纸张，市面上可以找到不同质量的硅油纸。甜品行业中经常用到。

2 硅胶垫

硅胶垫通常会用玻璃纤维加固，它有防粘的作用，硅胶垫能承受的温度区间非常大，从-60℃到230℃。它的常见大小为长60厘米、宽40厘米。因为它具有防滑性，我们通常会将它垫在烤盘与模具之间防止模具错位。

3 带孔硅胶垫

用玻璃纤维加固的带有小孔洞的硅胶垫，通常我们会使用它来烤沙列类产品，它能帮助沙列类产品在烤制过程中不易变形。

4 烘焙油布

玻璃纤维材质，它比烘焙油纸更厚更结实，并可以重复使用，它的承受温度能达到230℃。它的使用方式非常多，常见使用方法是垫在烤盘上入烤箱。

5 烤盘

烤盘是由铝制不粘的材质做成的，通常尺寸为长60厘米、宽40厘米、高2厘米。烤盘用于烤制和储存半成品。

1 软刮刀和硬刮刀

刮刀是甜品制作过程中不可或缺的工具，通常为能够耐高温的硅胶或塑胶材质。

2 直抹刀和弯抹刀

抹刀作为手部的延长，有直的和弯的，通常被用来移动或抹平半成品。

3 电子秤

做甜品时，我们需要按配方上的用量准确使用材料，所以电子秤就成了必不可少的工具之一。本书中材料的用量均以克为单位。

4 红外线温度计

用于测量表面温度，我们无须将温度计直接与产品接触，整个使用过程会更加方便和干净，所以在甜品行业中红外线温度计的使用频率非常高。

5 蛋抽

蛋抽通常用于搅拌或打发（通过搅拌将空气打入材料中）材料，我们能在市面上找到打蛋清的蛋抽和酱汁用蛋抽。

6 刮板

刮板为塑料材质的工具，通常一边为圆弧状，一边为直边，通常用于将盆内或缸内的剩余材料取出。

7 裱花袋和裱花嘴

裱花袋和裱花嘴用于裱挤或使面团成形，如奶油、比斯基等。市面上有塑料和布制的不同材质、不同大小的裱花袋，但是布制的裱花袋在使用过程中存在一些食品安全问题，所以市面上常见的裱花袋均为塑料材质的。裱花袋通常会搭配塑料或不锈钢材质的裱花嘴一起使用。

8 探针温度计

不同于红外线温度计，探针温度计主要用于测量内部温度。通常使用在煮制糖水糖浆时。

9 刨丝器

刨丝器是一种用于提取不同柑橘类水果果皮的工具，也可以用于将肉桂或肉豆蔻等香料磨成非常细的粉末。同时也可以用来修整使用沙布列面团制作的产品（例如挞壳），使其变得平整。

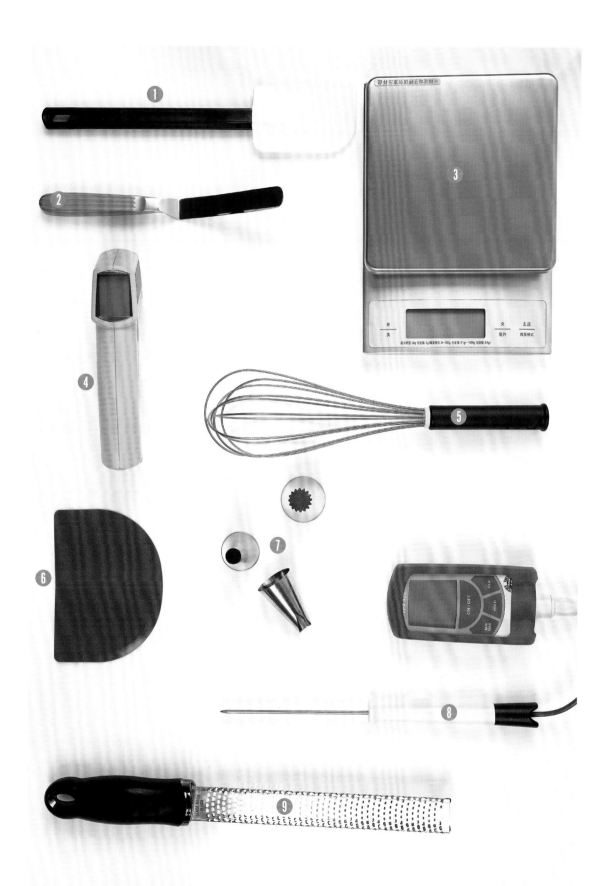

1 面粉筛和过滤布

面粉筛是用来过筛粉类的工具，它能使粉类材料的质地更加均匀。过滤布是用来过滤液体的工具，它能使酱类口感更细腻。

2 盆

用于完成一些搅拌混合的工作，常见的有玻璃、塑料或不锈钢材质。可根据操作的需要选择对应大小的盆。

3 巧克力调温铲刀

巧克力调温铲刀通常是梯形的，它是给巧克力调温时使用的工具。

4 手持均质机

手持均质机为电子类工具，常用来完成乳化工作（如甘纳许）和混合工作（如淋面）。

5 研磨盒

将坚硬物质打成粉状，或帮助融合粉状和液体状材料。

多样化模具

我们常使用的模具有很多不一样的材质，如不锈钢、白铁、铝制、硅胶或PVC塑料等。不仅材质不同，模具的形状大小也有很大区别。

常见的模具有慕斯圈、挞圈和硅胶模具。

原材料

1 牛奶

牛奶是做甜品的基础材料之一，通常会被用来做基础奶油（英式奶酱、卡仕达酱、慕斯）。牛奶由不同的成分组成，其中含量最多的是水，其次是酪蛋白、乳糖、油脂、部分矿物质和维生素。本书配方使用的均为乳脂含量3.5%的全脂牛奶。

2 鲜奶油

鲜奶油也被称为淡奶油，是提取于浮在牛奶表面的油脂部分或直接使用脱脂机（奶油分离机）离心脱脂牛奶而得到的。10升牛奶可以提取出1千克淡奶油，淡奶油在甜品行业的使用率非常高，在所有的慕斯类（香缇）产品里都会用到，使用时通常需用蛋抽搅打使油脂浓缩的同时注入空气，使其质地轻盈，需要注意的是所有乳脂含量少于30%的淡奶油将无法打发。本书配方使用的均为乳脂含量35%的淡奶油。

3 黄油

黄油作为乳制品也来自牛奶，它是通过物理方式来分离乳脂中的水乳液而获得的。黄油里含有油脂（同时也含有脂肪酸）、水、乳糖、酪蛋白和维生素。

黄油的延展性和味道让它成为制作甜品的主要材料之一，市面上存在不同种类的黄油，其组成都一样，不一样的地方在于乳脂含量。例如干黄油（乳脂含量84%的片状黄油）和无水黄油（乳脂含量99.99%的片状黄油），主要区别在于黄油的延展性。黄油常被用于制作面团、比斯基类和奶油酱类等。本书中使用的是法国品牌的黄油，其乳脂含量为82%。

4 马斯卡彭奶酪

它是一部分意式产品生产过程中必不可少的材料，马斯卡彭奶酪本质上是一种新鲜奶酪，乳脂含量丰富，可以给产品带来更浓厚的奶油味。

5 蛋

蛋是在所谓的产卵动物的雌性体内形成的有机体。在甜品行业中，只使用鸡蛋。除了拥有高营养价值之外，鸡蛋还通过其功能特性提供了另一个重要的作用。事实上，蛋清、蛋黄和全蛋分别有着不同的特性：

· 蛋清拥有打发的特性；

· 蛋黄拥有乳化的特性；

· 蛋清、蛋黄混合拥有凝结剂的作用。

我们在甜品制作中常使用全蛋、蛋清和蛋黄。

6 奶油奶酪

奶油奶酪来自美国北部，但它的起源其实在欧洲，常用于做芝士蛋糕，它是一款乳脂含量丰富的新鲜奶酪，与马斯卡彭奶酪相比，它的咸味、酸味和奶味会更浓郁。本书配方使用的均为乳脂含量33%的奶油奶酪。

1　粗颗粒黄糖

黄糖是由甘蔗提炼而来的，它和白砂糖的组成成分是一样的。

黄糖在生产过程中并没有完全提纯，所以它带有和白砂糖不一样的特殊风味。

黄糖是非常受甜品师欢迎的材料之一，它可以用同样的重量去替换配方中的白砂糖。不同于白砂糖，黄糖除了能带来甜味，还能带来不一样的风味。

2　糖粉

糖粉是通过碾压白砂糖而得到的非常细腻的粉状质地物质，糖粉比较便于和材料一起搅拌或溶于其他材料。

3　转化糖浆和蜂蜜

转化糖浆是砂糖加水溶解后，通过酸化和酶促水解得到的产物，也可以通过离子交换剂来完成。它是葡萄糖和果糖各半的混合物。

蜂蜜是一种由花蜜和其他甜溶液产生的甜味和黏稠物质，由蜜蜂从植物、花朵中收获。在浓缩和加工后，蜜蜂将收获物存放在蜂巢孔洞内部。

4　葡萄糖浆

葡萄糖浆是工业制造得来的，是以玉米淀粉或马铃薯淀粉为原料通过酸化或酶促水解获得的，它是一种浓稠的透明糖浆。

5　细砂糖

细砂糖是一种能带来甜味的食品，它来自含糖的植物，主要来自甜菜和甘蔗。它是一种白色发亮、透明、无气味的棱状晶体。

细砂糖是一种由两种单糖（葡萄糖和果糖）组合而成的碳水化合物。

细砂糖可以给甜品本身带来不一样的"性格"，也是所有甜品甜味的主要来源。它的作用有很多：它可以增加产品本身的风味；可以减弱酸味和苦味；可以给甜品上色；可以增加酥脆感；加入在需要打发的产品中，可以增加空气的注入量，同时细砂糖也是很好的保鲜剂。

1 果胶粉

果胶粉为乳黄色的细腻粉状物，无味，大部分的果胶都来自水果，所有水果里都含有或多或少的果胶，市面上的果胶粉主要来自水果籽（柑橘类、苹果、梨子、榅桲等）。我们使用比较多的为NH果胶粉，它的酯化性比较低，为了方便其起到凝结的作用，需要加入酸性物质或钙和至少20%的干性物质。

果胶粉有热可逆性，可以将含有果胶粉的混合物重复加热融化和降温凝固。

2 200凝结值吉利丁和200凝结值吉利丁混合物

吉利丁通常以粉状或片状的形态出现。它由动物（猪、牛、鱼）的皮肤和骨骼中所含的胶原蛋白部分水解而来，它的作用是稳定材料中所含的水，凝结值的单位为Bloom（从130到250不等），使用吉利丁前，需要先了解清楚其凝结力，一般凝结力会标注在包装上，如没有则需要询问供应商或经销商。

吉利丁是有热可逆性的凝胶剂，它能多次凝结-融化-再凝结。

本书的配方中使用的均为凝结值200Bloom的吉利丁，吉利丁的吸收能力为6，也就是说它需要自身重量6倍的水来混合（1∶6）。

吉利丁混合物的出现是为了方便使用，它由吉利丁和水组成（依旧是1∶6的比例），一起融化成40~50℃的液体后降温至4℃，降温凝固后切割成小方块保存备用。

除此之外，植物吉利丁和琼脂也是常用的凝胶剂。

植物吉利丁来自藻类和角豆树的果实。使用时需将其与液体一起加热，能在所有水质液体中起作用。植物吉利丁没有耐热性和耐冻性。用植物吉利丁做出来的啫喱比较坚固、有弹性。

琼脂来自海藻。使用时需将其与液体一起加热，能在所有水质液体中起作用。琼脂没有耐热性和耐冻性。用琼脂做出来的啫喱比较坚固、易碎。

3 盐和盐之花

盐是一种无色、无气味的结晶物质，具有刺激的味道，用作调味品。盐或氯化钠（NaCl）在自然界中大量存在。它存在于岩石内（岩盐），或存在于水中。盐之花在制剂中的溶解性要低得多，这使得它可以成为增味剂。

推荐使用盖朗德的盐之花或卡玛格的盐之花，这两个法国地区以其生产质量而闻名。

4 香草荚

香草荚是一种豆荚，呈细长的棍状，继承了兰花的受精花。它含有非常丰富的精油，我们通常使用香草荚内籽的部分，将剩余的豆荚部分烘焙、研磨成粉末状并使用（香草粉），它也以添加了糖浆的液体形式存在（香草膏、香草精华）。

5 面粉

面粉为乳白色的粉状物，由小麦胚乳碾压而来，我们称之为小麦面粉。

6 玉米淀粉

玉米淀粉是一种颜色很白、质地很细的粉状物，如果加热淀粉糊（水和淀粉），可以得到一种黏稠的白色胶质液体，放凉后会凝结。该特性在西点制作当中应用广泛，例如卡仕达酱、泡芙面团、比斯基等。

7 巧克力

黑巧克力、牛奶巧克力和白巧克力是由可可豆加工而来的带有甜味的食品（材料）。可可豆经过发酵、烘烤、碾压，直至可可豆变成可可液，我们将从可可液中提取出来的油脂部分称为可可脂。巧克力的主要组成部分为可可液、可可脂、糖和奶粉。

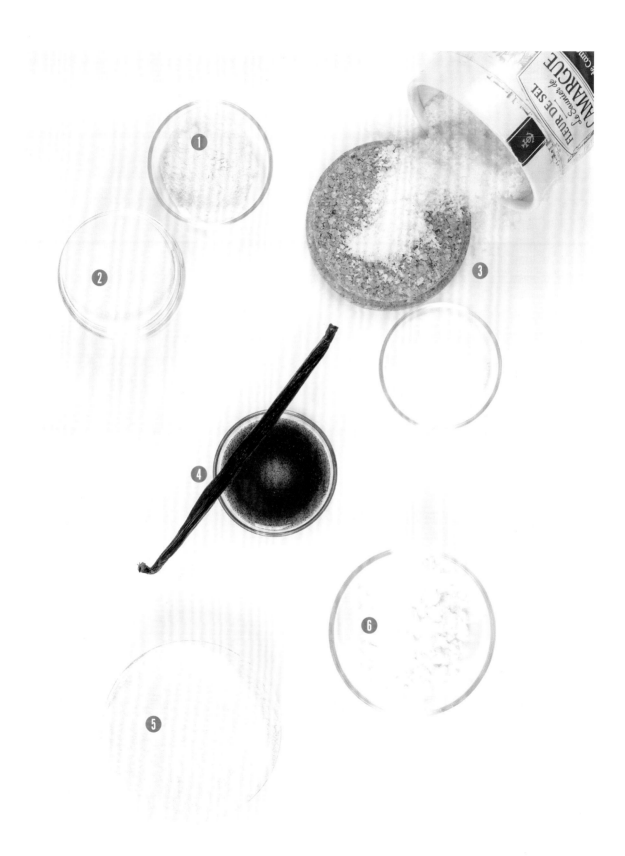

基础配方

反转酥皮

材料（总量 2000克）

面皮部分
水 247克
白醋 5克
盐之花（或细盐） 23克
王后T65经典法式面包粉 610克
肯迪雅乳酸发酵黄油 198克

油皮部分
肯迪雅乳酸发酵黄油 655克
王后T65经典法式面包粉 262克

制作方法

面皮部分

1 在厨师机的缸中放入面粉、软化黄油（温度约30℃）、水、盐之花和白醋。用最低速度搅打直至出现面团。
2 用手将面揉成团，然后擀成厚薄均匀的方形面团，边长为25厘米，用保鲜膜贴面包裹后放入冰箱冷藏（4℃）12小时。

油皮部分

3 在厨师机的缸中放入黄油和面粉，用钩桨搅拌至出现面团。
4 将油皮面团平均分成两份，将每份油皮面团整形成边长25厘米的正方形。放入冰箱冷藏（4℃）12小时。

开酥方式

5 将准备好的面皮放在两个油皮中间，借助擀面杖擀压成5毫米厚。
6 开始第一次折叠，折一个4折。用保鲜膜贴面包裹，放入冰箱冷藏（4℃）至少2小时。
7 静置后的面团再次压成5毫米厚，重复步骤6。
8 静置后的面团再次压成5毫米厚，折第一个3折，用保鲜膜贴面包裹，放入冰箱冷藏（4℃）至少2小时。
9 重复步骤8，冷藏时间调整为至少4小时。

小贴士
在制作反转酥皮的过程中必须遵守配方中的静置时间，并且在整个操作过程中，需确保面温在12~14℃。

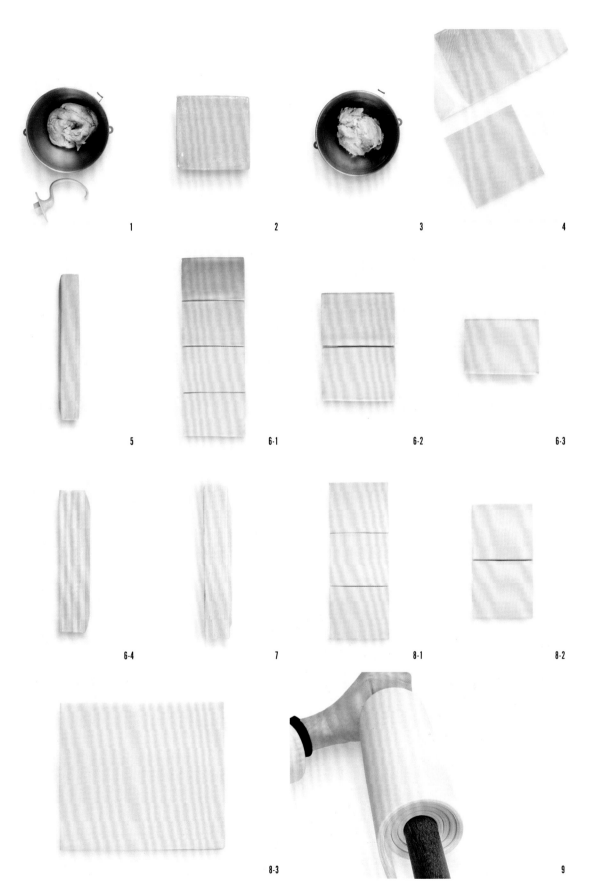

原味酥皮

材料（总量 265克）

肯迪雅乳酸发酵黄油　75克
王后T65经典法式面包粉　95克
细砂糖　95克

制作方法

1 将所有材料放入厨师机的缸中。
2 用叶桨搅打至出现无黄油颗粒的面团。
3 将搅打好的酥皮面团放在两张烘焙油布中间，压薄后放入冰箱冷藏（4℃）12小时。
4 切割出所需的大小即可。

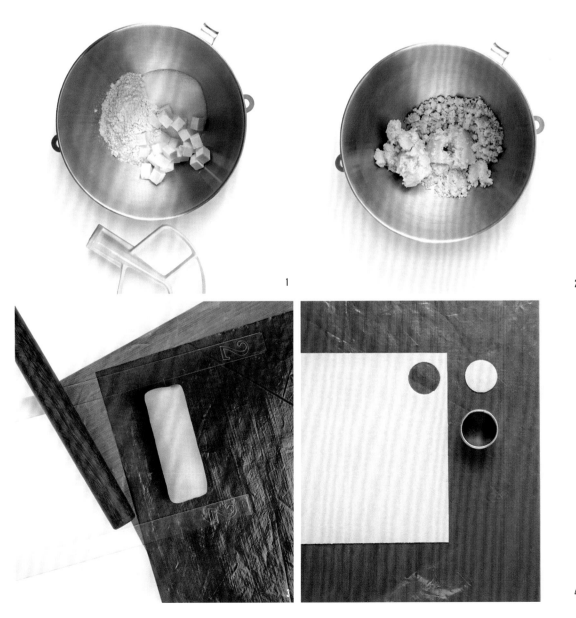

可可酥皮

材料（总量 275克）

肯迪雅乳酸发酵黄油　75克

王后T65经典法式面包粉　95克

细砂糖　95克

可可粉　10克

制作方法

1 将所有材料放入厨师机的缸中，用叶桨搅打至出现无黄油颗粒的面团。

2 将搅打好的酥皮面团放在两张烘焙油布中间，压薄后放入冰箱冷藏（4℃）12小时。

3 切割出所需的大小即可。

小贴士

为了防止酥皮在烤制过程中变形，可以将细砂糖过筛，去除过大的颗粒。

1

2

3

泡芙面糊

材料（总量 780克）

水　125克

全脂牛奶　125克

肯迪雅乳酸发酵黄油　125克

细砂糖　2.5克

细盐　2.5克

王后T55传统法式面包粉　150克

全蛋　250克

制作方法

1. 在单柄锅中放入水、全脂牛奶、黄油、细盐和细砂糖，一起加热至沸腾。

2. 离火后加入过筛的面粉，面糊搅拌均匀至无颗粒后，开火继续翻炒面糊至单柄锅底有一层膜出现。将炒好的面团倒入厨师机的缸中，用叶桨中速搅拌。

3. 当温度降至50℃时，将打散的全蛋分二四次加入，搅拌直至出现图中的面糊状态。

4. 将做好的面糊放入盆中，用保鲜膜贴面包裹，放入冰箱冷藏（4℃）至少12小时，即可使用。

小贴士

泡芙面糊做好后可以直接使用，但静置后的泡芙面糊烤出来的状态会更稳定、不易开裂。

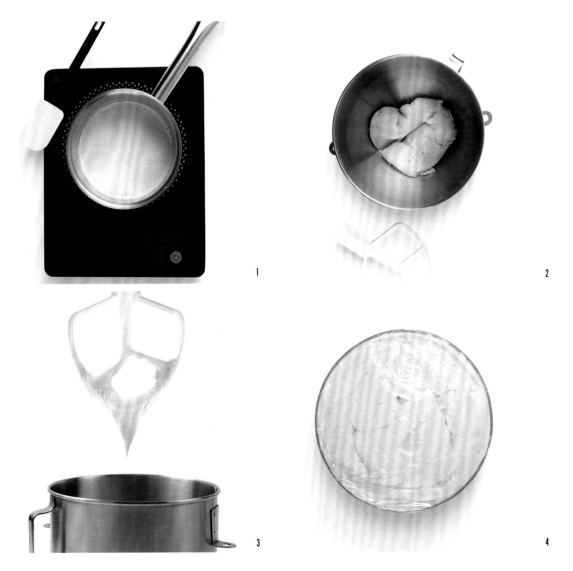

1

2

3

4

可可泡芙面糊

材料（总量　780克）

水　125克

全脂牛奶　125克

肯迪雅乳酸发酵黄油　125克

细砂糖　2.5克

细盐　2.5克

王后T55传统法式面包粉　120克

深黑可可粉　30克

全蛋　250克

制作方法

1　在单柄锅中加入水、全脂牛奶、黄油、细盐和细砂糖，一起加热至沸腾，离火后加入过筛的面粉和可可粉。

2　搅拌均匀后回煮至面团变干、单柄锅锅底有一层膜后停止。将炒好的面团倒入厨师机的缸中，用叶桨中速搅拌。

3　当面团温度降至50℃时，将打散的全蛋分三四次加入。搅拌直至出现图中的面糊状态。

4　将做好的面糊放入盆中，用保鲜膜贴面包裹，放入冰箱冷藏（4℃）至少12小时，即可使用。

1

2

3

4

60%榛子帕林内

材料（总量 450.5克）

榛子仁　270克
细砂糖　180克
细盐　0.5克

制作方法

1 将制作60%榛子帕林内的材料准备好。

2 将榛子仁放入烤箱，150℃烘烤至内部上色，取出，冷却备用。

3 单柄锅中分四五次加入细砂糖熬煮，每次需要等糖完全化开再加入下一次，直至熬成深棕色的干焦糖。

4 将煮好的干焦糖倒在硅胶垫上，放至降温。

5 将放凉的榛子仁、放凉敲碎的干焦糖和细盐一起放入破壁机中。

6 开机搅打至细腻无颗粒。

7 倒入碗中，用保鲜膜贴面包裹，放入冰箱冷藏（4℃）备用即可。

小贴士

烘烤坚果（本配方中为榛子）的过程非常重要，需要烘烤至均匀上色。因为坚果的香味需要烘烤后才能凸显出来。

1

2

3-1

3-2

3-3

4

5

6

7

黑色镜面淋面

材料（总量 1249克）

细砂糖　390克

水　163克

肯迪雅稀奶油　288克

葡萄糖浆　145克

深黑可可粉　108克

转化糖浆　43克

吉利丁混合物　112克

（或16克200凝结值吉利丁粉+
96克泡吉利丁粉的水）

制作方法

1. 单柄锅中加入水、细砂糖和葡萄糖浆，借助探针温度计加热至120℃。

2. 在另一个单柄锅中加入稀奶油和转化糖浆，加热至沸腾。离火，加入可可粉，搅拌均匀。

3. 分两三次将第步骤1的糖浆水与步骤2的材料混合均匀；加入泡好水的吉利丁混合物并搅拌至化开；借助均质机均质细腻光滑。

4. 将均质好的淋面过筛倒入盆中，用保鲜膜贴面包裹，放入冰箱冷藏（4℃）至少12小时，即可使用。

小贴士

此配方的镜面淋面可以在不同的温度时使用，根据不同情况来调整镜面淋面的使用温度即可。

1

2

3

4

可可脂的上色及结晶

材料

可可脂与油溶色粉/可可液块

可可脂的颜色及材料对照表

红色可可脂	100克可可脂+8克红色油溶色粉
白色可可脂	100克可可脂+12克食品级钛白粉
黄色可可脂	100克可可脂+9克黄色油溶色粉
绿色可可脂	100克可可脂+5克黄色油溶色粉+3克绿色油溶色粉
黑色可可脂	100克可可脂+5克竹炭粉
可可颜色的可可脂	100克可可脂+100克可可液块

制作方法（以制作黑色可可脂为例）

1 将可可脂融化至50℃。

2 加入油溶色粉或可可液块。

3 用均质机均质至均匀细腻。

4 将均质好的可可脂用细孔的网筛过滤即可，这一步非常重要。

小贴士

①在使用上色后的可可脂之前，需将温度调到27~28℃。在整个使用过程中都需要时刻关注可可脂的温度，若温度降低，则需要升温。

②由于每个品牌色素色度不一，可可脂和色素的混合比例需酌情调整。

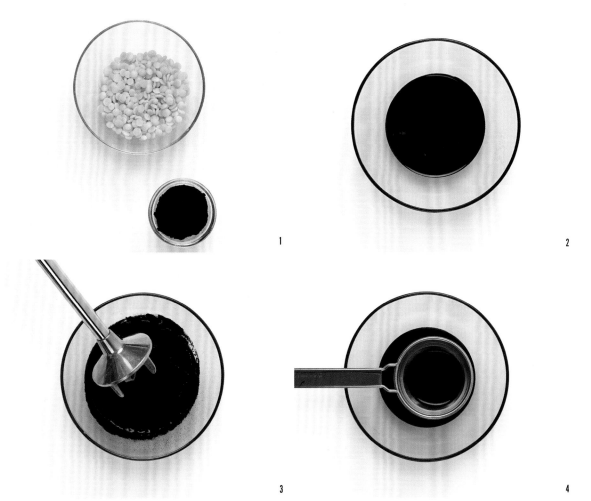

1   2

3   4

巧克力调温

调温的目的

调温也被称作预结晶，是巧克力制作工艺中最重要的部分。它是通过重新组合可可脂中结晶的方式来起作用的，重新结晶的巧克力降温后会变得光滑和光亮，其质地拥有了坚硬的特性，并且保质期也会变得比较长久，这些都来源于调温后稳定的晶体。

当可可脂降温后便转为了稳定状态，降温的过程中，可可脂中分子结构的晶体形成。这些晶体并不单一（一般我们说可可脂中有5种不同的晶体），它们的融化温度都各不相同。然而在所有晶体中，最为稳定的就是β（贝塔）晶体。

所以整个调温的过程其实是为了使β晶体出现在可可脂中，而这种晶体通常根据巧克力种类的不同（黑巧克力、牛奶巧克力、白巧克力）而出现在26~29℃的温度区间内。

调温失败会发生什么？

若结晶体太多（冷却时间过长，基底温度过高），巧克力会变得非常黏稠而无法正常使用。若结晶体不足（冷却过程中的温度过高），会导致结晶不全面，巧克力凝固后的光亮度就会大打折扣。

调温没有调好的话，巧克力的质地会变得非常脆弱且容易融化，并且我们无法用没有调温的巧克力来做任何粘接的工作。

不同巧克力的操作温度

巧克力种类	融化温度	预结晶温度	使用温度
黑巧克力	50~55℃	28~29℃	30~31℃
牛奶巧克力	40~45℃	27~28℃	28~29℃
白巧克力	40~45℃	26~27℃	27~28℃

使巧克力融化的方式

- 常见的方式有水浴法，但是水浴可能会导致水汽进入巧克力中，这些入侵的水汽可能会导致巧克力后期无法使用。
- 使用微波炉加热。根据需要融化的巧克力的量或巧克力的种类来选择微波炉的功率和时间。温度太高或时间过久都可能会导致巧克力烧焦，同时可能会使巧克力失去流动性。
- 使用巧克力调温机。巧克力调温机可以更好地将巧克力调温，但需要提前24小时将巧克力放入机器中并开启设备。

使巧克力达到预结晶温度的方式

- 桌面调温法。借助温度在18~22℃的大理石板，将升温并融化好的巧克力倒在大理石板上，借助巧克力调温刀将巧克力在大理石板上拨动，拨动时需小心，不要把过多的空气带入。巧克力在大理石板上"走动"的过程中，其温度慢慢下降，并开始预结晶。
当温度降至所需温度后，将其装入塑料盆中（建议选用塑料盆，因为塑料盆能更好地保持巧克力的温度），防止巧克力的温度继续下降。
- 种子调温法。这是一种可以替代桌面调温法的方法，如果你的桌面上没有大理石板，可以使用这种方法来调温。巧克力融化后，向其中加入其重量1/4的结晶巧克力碎。
搅拌混合物直至所有巧克力全部融化（如有需要可以用均质机均质，但非常需要技巧，因为均质机的刀头在旋转过程中会因摩擦而导致巧克力升温），不同种类巧克力的降温温度不同，需根据情况而定，但是这种调温方式可能会使巧克力失去一定的流动性。

使巧克力达到使用温度的方式

为了能够达到升温巧克力的效果，可以使用水浴法或热风枪。无论使用哪种方式，都需要小心不要让温度超过使用温度，一旦发现温度超过了使用温度，那就需要重新调温。

巧克力调好温后，在整个使用过程中都需要时刻保持巧克力的温度，因为调好温的巧克力一旦开始降温，就会开始结晶变稠甚至凝固。

调温注意事项

巧克力需要在温度为18~22℃、湿度小于60%的环境下结晶，无论是哪种巧克力（黑巧克力、牛奶巧克力或白巧克力），都需要至少12小时才能完全结晶。

根据巧克力成品的厚度和大小不同，结晶时间也不同。

在长久的保存过程中，需要当心温度差可能会导致水汽出现在巧克力上，这些水汽可能会使巧克力表面出现白霜（成品巧克力无须放置在冰箱内保存，18~22℃的常温即可）。

小蛋糕

秋叶

材料（可制作24个高7厘米的成品）

栗子沙布列

肯迪雅乳酸发酵黄油　200克

糖粉　80克

王后T55传统法式面包粉　300克

栗子粉　30克

盐之花　2克

全蛋　30克

栗子比斯基

法式栗子馅　436.4克

法式栗子泥　163.6克

全蛋　272.8克

葡萄籽油　109.0克

玉米淀粉　38.2克

蛋清　163.6克

细砂糖　54.6克

肯迪雅乳酸发酵黄油　38.2克

苹果白兰地焦糖

苹果（耐煮）　450克

细砂糖A　45克

NH果胶粉　7.5克

细砂糖B　20克

苹果白兰地　45克

栗子慕斯林奶油霜

全脂牛奶　100克

香草荚　1/2根

法式栗子泥　140克

法式栗子抹酱　150克

法式栗子馅　50克

玉米淀粉　8克

蛋黄　67.5克

苹果白兰地　10克

吉利丁混合物　35克

（或5克200凝结值吉利丁粉+30克泡吉利丁的水）

细盐　1克

肯迪雅乳酸发酵黄油　120克

苹果白兰地栗子香草打发甘纳许

肯迪雅稀奶油A　183克

宝茸冷冻栗子果泥　100克

吉利丁混合物　21克

（或3克200凝结值吉利丁粉+18克泡吉利丁粉的水）

柯氏白巧克力　97克

肯迪雅稀奶油B　400克

苹果白兰地　30克

橘子果酱

宝茸橘子果泥　150克

宝茸杏桃果泥　75克

蜂蜜　30克

细砂糖　10克

NH 果胶粉　5克

吉利丁混合物　28克

（或4克200凝结值吉利丁粉+24克泡
吉利丁粉的水）

装饰

叶子形状的巧克力片

巧克力树叶

制作方法

苹果白兰地焦糖

1. 将苹果洗净去皮后切成3毫米的丁。在单柄锅中放入细砂糖A做成干焦糖。
2. 加入切好的苹果丁，一起翻炒并加热至苹果水分煮出。筛入搅拌均匀的细砂糖B和NH果胶粉，一起加热至沸腾。
3. 温度升高后倒入苹果白兰地点火。倒入盆中，用保鲜膜贴面包裹，放入冰箱冷藏（4℃）备用。

栗子慕斯林奶油霜

4. 在单柄锅中倒入全脂牛奶、玉米淀粉、细盐、蛋黄和香草荚的籽，一起慢慢加热至沸腾，加入泡好水的吉利丁混合物。
5. 搅拌均匀后倒在破壁机中，加入栗子泥、栗子馅、栗子抹酱，开机搅拌，将里面的混合物乳化，停机后用软刮刀将内壁刮干净。加入切成小块的黄油（常温），再次开机搅打。
6. 加入苹果白兰地，搅拌均匀。将做好的混合物倒入盆中，用保鲜膜贴面包裹，放入冰箱冷藏（4℃）至少12小时。使用前需要打发。

小贴士
冷冻栗子果泥和苹果白兰地需要在混合物凉的时候加入，这样才能最大程度地保存风味。

苹果白兰地栗子香草打发甘纳许

7. 在单柄锅中倒入稀奶油A，加热至70~80℃，加入泡好水的吉利丁混合物。
8. 搅拌至化开后倒入白巧克力中均质，加入稀奶油B，再次均质完成乳化。
9. 加入冷冻栗子果泥和苹果白兰地再次乳化。将液体过筛倒入盆中，用保鲜膜贴面包裹，放入冰箱冷藏（4℃）至少12小时。

小贴士
NH果胶粉和细砂糖需要搅拌均匀，这样可以确保倒入混合物中时不会有颗粒。

橘子果酱

10. 在单柄锅中倒入橘子果泥、杏桃果泥和蜂蜜，一起加热至35~40℃，筛入细砂糖和NH果胶粉的混合物，并用蛋抽搅拌均匀。
11. 加热至沸腾后离火，加入泡好水的吉利丁混合物，搅拌至化开。
12. 倒入盆中，用保鲜膜贴面包裹，放入冰箱冷藏（4℃）至少12小时。

栗子沙布列

13 使用时确保所有材料温度在4℃左右。在破壁机中放入所有干性材料和切成小块的黄
油，开机搅打至没有黄油颗粒，加入打散的全蛋，继续搅拌至出现面团。

14 把面团倒在桌上，用手掌继续碾压至混合均匀，将面团整形后放在两张烘焙油布中
间，压成3毫米厚。放入冰箱冷藏（4℃）至少12小时。

15 从冰箱取出，用叶子形状的切割模具将面皮切割成长约7.5厘米、宽约5厘米的叶子
状。夹在两张带孔硅胶垫中间，放入风炉，150℃烤约20分钟。

栗子比斯基

16 在破壁机中放入栗子馅、栗子泥和全蛋，搅拌至混合物细腻无颗粒。加入玉米淀粉，
再次开机用破壁机搅打。加入葡萄籽油和液体黄油的混合物，再次开机搅打。将搅打
均匀的混合物倒入盆中。

17 将蛋清和细砂糖倒入厨师机中，中速搅拌，直至出现鹰嘴状。

18 将步骤4的混合物轻柔地拌入步骤5打发的蛋清中，搅拌均匀后将其倒在铺有烘焙油布
的烤盘上，并借助弯抹刀将其抹平。

19 放入风炉，165℃烤12~14分钟。烤好出炉，在表面盖一张烘焙油布，翻转过来放在网
架上降温。

组装与装饰

20 准备好切成叶子形状的栗子比斯基；苹果白兰地焦糖搅拌均匀后装入裱花袋中；橘子
果酱均质细腻后放入裱花袋中；栗子慕斯林奶油霜放入厨师机中，借助叶桨打发后放
入装有裱花嘴（裱花嘴型号Wilton 102）的裱花袋中；苹果白兰地栗子香草打发甘纳许
放入厨师机中，借助球桨打发后放入装有裱花嘴（裱花嘴型号Wilton 102）的裱花袋中。

21 取出一片烤好的栗子沙布列，将切好的栗子比斯基放在栗子沙布列上。

22 在比斯基空心的部分挤入苹果白兰地焦糖。

23 放上第二层栗子沙布列，挤入栗子慕斯林奶油霜。

24 放上叶子形状的巧克力片，挤入苹果白兰地栗子香草打发甘纳许和橘子果酱，放上巧
克力树叶装饰即可。

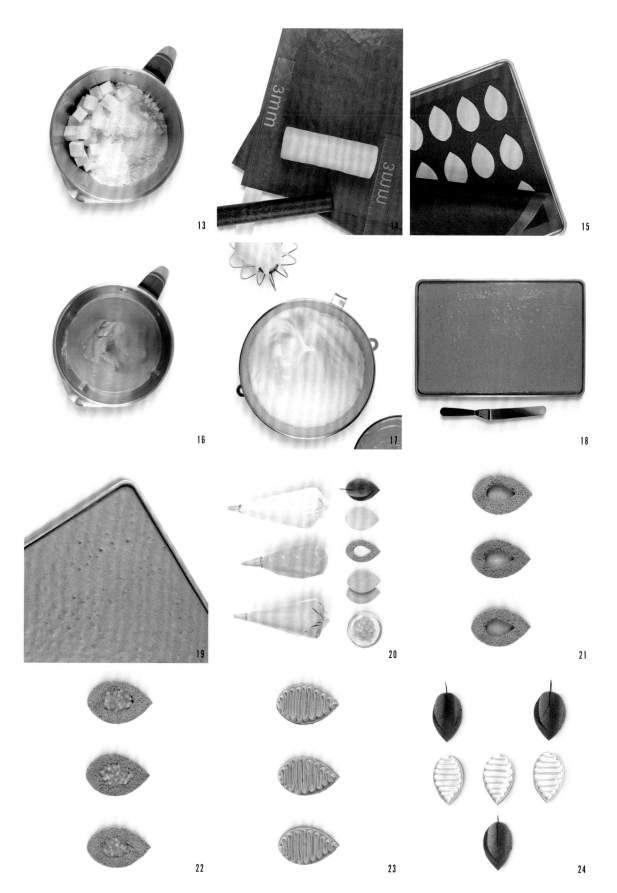

美女海伦梨

材料（可制作24个高7厘米的成品）

可可沙布列

肯迪雅乳酸发酵黄油　200克

糖粉　80克

王后T55传统法式面包粉　300克

可可粉　30克

盐之花　2克

全蛋　30克

可可松软比斯基

蛋清　240克

细砂糖　145克

蛋黄　150克

全脂牛奶　85克

葡萄籽油　83克

王后T55传统法式面包粉　125克

可可粉　25克

泡打粉　5克

细盐　3克

威廉姆黑巧克力甘纳许

肯迪雅稀奶油　300克

转化糖浆　50克

柯氏55%黑巧克力　190克

威廉姆啤梨酒　30克

香草马斯卡彭奶油

肯迪雅稀奶油　300克

细砂糖　30克

吉利丁混合物　18.9克

（或2.7克200凝结值吉利丁粉+

16.2克泡吉利丁粉的水）

香草荚　1根

马斯卡彭奶酪　50克

梨子果酱

宝茸梨子果泥　372克

细砂糖　77克

NH果胶粉　7克

鲜榨黄柠檬汁　6克

威廉姆啤梨酒　19克

吉利丁混合物　49克

（或7克200凝结值吉利丁粉+42

克泡吉利丁粉的水）

威廉姆酒渍梨子

水　333克

细砂糖　133克

维生素C　1克

威廉姆啤梨酒　127克

威廉姆啤梨　200克

装饰

梨子形状的巧克力片

梨子形状的巧克力配件

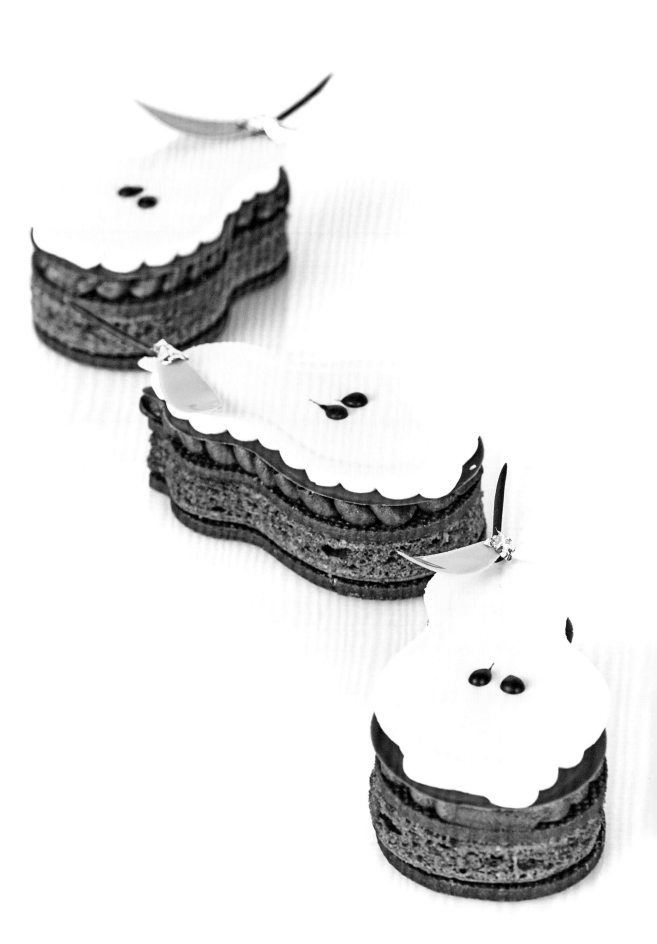

制作方法

可可沙布列

1 使用时确保所有材料温度在4℃左右。在破壁机中放入所有干性材料和切成小块的黄油，一起搅打成沙砾状，没有黄油颗粒时停止，加入全蛋，一起搅打至面团出现。

2 将面团倒在桌面上，用手掌按压的方式完成搅拌。将整形好的面团放在两张烘焙油布中间，压成2毫米厚，放入冰箱冷藏（4℃）至少12小时。

3 用梨子形状的切割模具切出形状，夹在两张带孔硅胶垫中间，放入风炉，150℃烤约20分钟。

可可松软比斯基

4 在厨师机的缸中放入蛋黄和细盐，用球桨打发成慕斯状。在另外一个厨师机的缸中放入蛋清和细砂糖，同样打发成慕斯状。轻轻地分次将打发的蛋黄拌入打发的蛋清中。

5 将过筛后的粉类分次撒入，用软刮刀搅拌均匀。

6 将全脂牛奶与葡萄籽油混合，加一点步骤5的混合物，搅拌均匀后倒回步骤5剩余的混合物中，搅拌均匀。

7 将面糊倒在铺有烘焙油布的烤盘中，借助弯抹刀将面糊抹平整。放入风炉，190℃烤6~8分钟。烤好出炉，在表面盖一张烘焙油布，翻转过来放在网架上降温。

威廉姆黑巧克力甘纳许

小贴士
避免将甘纳许放入冰箱冷藏静置结晶，因为冰箱的温度会使甘纳许过度结晶而导致质地坚硬，无法使用。

8 在单柄锅中放入稀奶油和转化糖浆，一起加热至75~80℃，然后倒在黑巧克力上，用蛋抽搅拌均匀。

9 加入威廉姆啤梨酒后均质完成乳化。将乳化好的混合物倒入盆中，用保鲜膜贴面包裹，放在17℃的环境下24小时，静置结晶。

1

2

3

4

5

6

7

8

9

香草马斯卡彭奶油

¹⁰ 把香草荚剖开，刮出香草籽。在单柄锅中放入稀奶油、香草籽和细砂糖，一起加热至50℃，加入泡好水的吉利丁混合物，搅拌至完全化开。加入马斯卡彭奶酪，使用手持均质机将混合物搅打细腻，过筛倒入盆中。用保鲜膜贴面包裹，放入冰箱冷藏（4℃）至少12小时。使用时，将冰好的香草马斯卡彭奶油倒入厨师机的缸中，用球桨打发。

梨子果酱

¹¹ 在单柄锅中加入梨子果泥，加热至35~40℃后离火，将NH果胶粉和细砂糖的混合物筛入。加热至沸腾后加入泡好水的吉利丁混合物。加入鲜榨黄柠檬汁，搅拌至完全化开后倒入盆中，用保鲜膜贴面包裹，放入冰箱冷藏（4℃）12小时。使用前加入威廉姆啤梨酒并均质。

威廉姆酒渍梨子

¹² 将威廉姆啤梨去皮去核后切割成3毫米的小丁。

¹³ 将水、细砂糖和维生素C混合，加热至沸腾后降温至4℃，加入威廉姆啤梨酒，与切好的啤梨混合，放入抽真空的袋子中（防止啤梨氧化变色）。塑封后放入冰箱冷藏（4℃）至少12小时。使用前需要将水过滤掉。

组装与装饰

¹⁴ 将可可松软比斯基切割成梨子的形状；将威廉姆酒渍梨子过滤备用；搅拌梨子果酱至顺滑，加入威廉姆啤梨酒后放入裱花袋中备用；将威廉姆黑巧克力甘纳许放入装有裱花嘴（裱花嘴型号Wilton 102）的裱花袋中；用蛋抽将香草马斯卡彭奶油打发，放入装有裱花嘴（裱花嘴型号Wilton 102）的裱花袋中。

¹⁵ 取一块可可沙布列，在上面放一片可可松软比斯基。将威廉姆酒渍梨子放在比斯基中间空心的部分。

¹⁶ 放上第二片可可沙布列，挤入威廉姆黑巧克力甘纳许。

¹⁷ 放上一片梨子形状的巧克力片，在巧克力片上挤入香草马斯卡彭奶油和梨子果酱。

¹⁸ 最后放上梨子形状的巧克力配件即可。

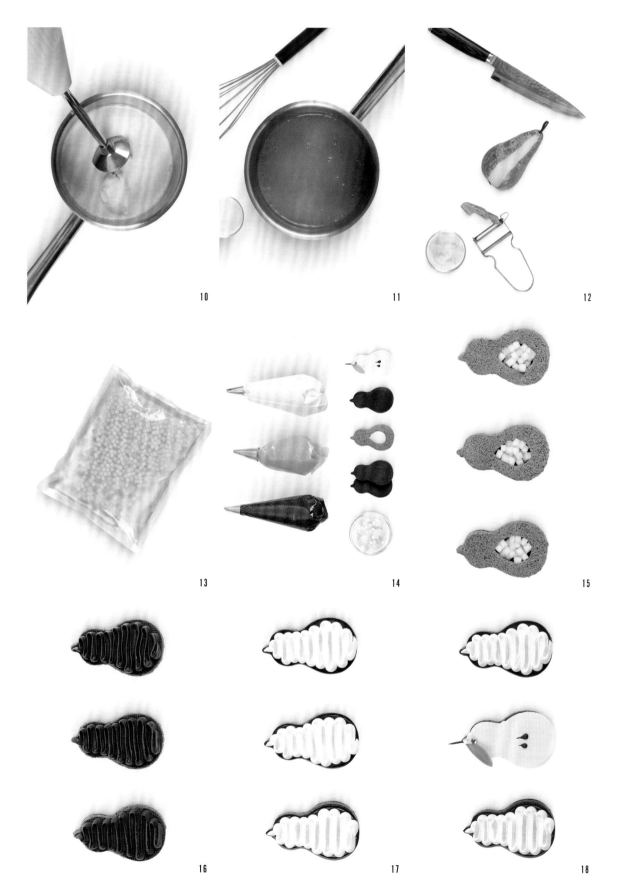

草莓生姜小蛋糕

材料（可制作24个直径5.5厘米的成品）

生姜康宝乐
肯迪雅乳酸发酵黄油　65克
王后T55传统法式面包粉　65克
杏仁粉　55克
黄糖　50克
细盐　1克
生姜粉　6克

重组康宝乐
生姜康宝乐（见上方）　210克
柯氏白巧克力　50克

君度杏仁蛋糕坯
全蛋　280克
50%杏仁膏　400克
泡打粉　5克
王后T55传统法式面包粉　90克
肯迪雅乳酸发酵黄油　130克
蛋清　100克
60%君度酒　50克

草莓生姜甘纳许
鲜榨生姜汁　20克
宝茸草莓果泥A　45克
吉利丁混合物　28克
（或4克200凝结值吉利丁粉+24
克泡吉利丁粉的水）
柯氏白巧克力　145克
宝茸草莓果泥B　175克
鲜榨青柠檬汁　10克

草莓凝胶
宝茸草莓果泥　375克
三仙胶　0.8克
右旋葡萄糖粉　37.5克
吉利丁混合物　56克
（或8克200凝结值吉利丁粉+48克
泡吉利丁粉的水）

酸奶慕斯
无糖希腊酸奶　244克
全脂奶粉　15.1克
细盐　0.9克
鲜榨黄柠檬汁　43.1克
200凝结值吉利丁粉　7.2克
右旋葡萄糖粉　73.8克
细砂糖　20.8克
蛋清　100.2克
肯迪雅稀奶油　194.8克

装饰
白色可可脂（配方见P37）
镜面果胶（配方见P190）

制作方法

君度杏仁蛋糕坯

1 50%杏仁膏和全蛋必须是常温（20℃左右），将它们倒入破壁机中，搅打至没有颗粒后倒入厨师机，用球桨打发至飘带状。将蛋清打发成慕斯状。用软刮刀轻轻地将打发好的蛋清与杏仁膏和全蛋的混合物搅拌均匀，筛入面包粉和泡打粉的混合物，搅拌均匀。

2 60%君度酒和融化至50~55℃的黄油搅拌均匀，加入少许步骤1的混合物，搅拌均匀后倒回剩余的步骤1的混合物中。

3 继续搅拌均匀后倒入铺有烘焙油布的烤盘中（长60厘米、宽40厘米），用弯抹刀将君度杏仁蛋糕面糊抹平整后放入烤箱，165℃烤10~12分钟。烤好出炉，在表面盖一张烘焙油布，翻转过来放在网架上降温。

生姜康宝乐

4 将制作生姜康宝乐的所有材料放入厨师机的缸中，用叶桨搅拌直至出现面团。将面团碾压过四方刨，刨出颗粒均匀的小块，放入烤箱，150℃烤20~25分钟。取出后避潮保存。

重组康宝乐

5 将烤好放凉的生姜康宝乐放入厨师机的缸中，加入融化至40~45℃的白巧克力。用叶桨慢慢搅拌直至生姜康宝乐被白巧克力均匀包裹。称重放入模具中（每个凹槽中放入8克），用勺子将重组后的康宝乐压在模具内，放入冰箱冷藏（4℃）备用。

草莓凝胶

6 在盆中放入20~22℃的草莓果泥，加入右旋葡萄糖粉和三仙胶的混合物，使用手持均质机将其搅打均匀。

7 将吉利丁混合物加热至45~50℃（可用微波炉或隔水加热的方式），使其化开。取一点均质好的草莓果泥倒入融化的吉利丁混合物内搅拌，搅拌均匀后倒回剩余的均质好的草莓果泥中搅拌均匀。

8 倒入直径3厘米的半圆形模具中，放入冰箱冷冻。

草莓生姜甘纳许

9 在单柄锅中放入草莓果泥A、鲜榨青柠檬汁和鲜榨生姜汁，加热至75~80℃。加入泡好水的吉利丁混合物，搅拌均匀至化开后倒在白巧克力上，借助手持均质机均质乳化。加入草莓果泥B，再次均质乳化。倒入碗中备用。

小贴士
草莓果泥可在室温下放置融化，尽量不要加热，这样可以最大程度保存果泥的风味。

酸奶慕斯

10 将200凝结值的吉利丁粉泡入鲜榨黄柠檬汁中备用。在厨师机的缸中放入蛋清、右旋葡萄糖粉和细砂糖，将放入蛋清的缸放入隔水的单柄锅中，将蛋清温度升至55~60℃。

11 用球桨将蛋清中速打发成瑞士蛋白糖，在温度为30℃时停下。

12 将酸奶在20~22℃时与全脂奶粉和细盐混合搅拌，同时加入融化至45~50℃的泡好水的吉利丁混合物。搅拌均匀后倒入打发好的瑞士蛋白糖，用蛋抽搅拌均匀。

13 最后加入打发的稀奶油，马上使用。

组装与装饰

14 可露丽硅胶模具中放入重组康宝乐，用勺子将其粘在模具内壁，并将君度杏仁蛋糕坯用圆形切割模具切割出需要的形状，每个成品中有两片君度杏仁蛋糕坯。在重组康宝乐的中央用裱花袋挤入少量草莓生姜甘纳许。

15 在草莓生姜甘纳许上放一片切割好的君度杏仁蛋糕坯，再挤入少量草莓生姜甘纳许，再放一层君度杏仁蛋糕坯。挤入酸奶慕斯，抹平整后放入冰箱冷冻。

16 在另一个可露丽硅胶模具中挤入酸奶慕斯，用抹刀将酸奶慕斯铺满模具内壁，放入草莓啫喱。

17 补上一些酸奶慕斯后抹平整，放入冰箱冷冻。

18 将两个可露丽硅胶模具中的半成品脱模，平整的一面相对摆放，白色可可脂调温好后用喷砂机将其喷在表面，放入-11℃的冰箱中冷冻。镜面果胶融化至45~50℃，用喷砂机将其喷在白色可可脂喷砂的表面。

19 放在蛋糕托上，放入冰箱冷藏（4℃）备用，在蛋糕表面放一片草莓切片并刷上镜面果胶，最后放上薄荷叶即可。

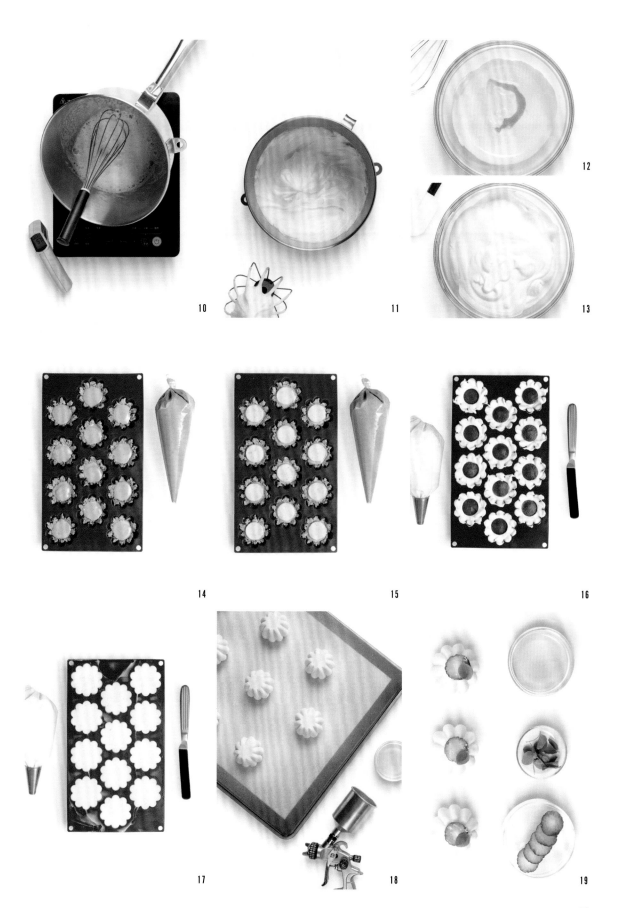

10

11

12

13

14

15

16

17

18

19

芒果甜柿石榴

材料（可制作24个直径5.5厘米、高5厘米的成品）

橄榄油玛德琳比斯基

全蛋　187.5克

细砂糖　375克

王后T55传统法式面包粉　375克

泡打粉　18克

全脂牛奶　262.2克

初榨橄榄油　225克

橙皮细屑　2克

香草粉　1克

康宝乐

肯迪雅乳酸发酵黄油　65克

王后T55传统法式面包粉　65克

杏仁粉　55克

黄糖　50克

细盐　1克

重组康宝乐

康宝乐（见上方）　210克

柯氏白巧克力　50克

甜柿果糊

黄糖　38克

NH果胶粉　3.5克

宝茸百香果果泥　113克

宝茸甜柿果泥　100克

甜柿丁　153克

香草荚　1根

芒果慕斯

配方见P70

石榴啫喱慕斯

新鲜石榴汁　150克

石榴糖浆　85克

细砂糖　87克

吉利丁混合物　70克

（或10克200凝结值吉利丁粉+60克

泡吉利丁粉的水）

水　290克

装饰

石榴

巧克力圈

薄荷叶

制作方法

橄榄油玛德琳比斯基

1 在厨师机的缸中倒入全蛋、细砂糖、橙皮细屑和香草粉，用球桨打发成飘带状。慢慢加入全脂牛奶，搅拌均匀。分次慢慢加入过筛的面包粉和泡打粉，搅拌均匀。慢慢加入橄榄油，搅拌均匀。

2 倒在碗中，用保鲜膜包裹好，放入冰箱冷藏（4℃）至少12小时。使用前用软刮刀搅拌均匀，倒入铺有烘焙油布的烤盘上，用弯抹刀抹平整。放入风炉，180℃烤12~15分钟，烤好出炉，在表面盖一张烘焙油布，翻转过来放在网架上降温。

康宝乐

3 在厨师机的缸中放入制作康宝乐的所有材料，用叶桨搅拌至无散粉的面团。

4 将面团压过四方刨，放入风炉，150℃烤20~25分钟，取出避潮保存。

重组康宝乐

5 融化白巧克力至40~45℃，取210克步骤4的康宝乐，一起放入厨师机的缸内，用叶桨搅拌均匀。在模具的每个凹槽中填入10克重组康宝乐，放入冰箱冷藏（4℃）备用。

甜柿果糊

6 将边长4毫米的甜柿丁连同甜柿果泥、百香果果泥和香草籽（把香草荚剖开，刮出香草籽）一起倒入单柄锅中，加热至35~40℃。

7 筛入搅拌均匀的NH果胶粉和黄糖，加热至沸腾，在直径4厘米的玛芬模具中挤入6克，冷冻备用。

石榴啫喱慕斯

8 在单柄锅中倒入水和细砂糖，加热至50℃，加入泡好水的吉利丁混合物，搅拌至完全化开。加入石榴糖浆，然后加入鲜榨石榴汁，搅拌均匀后放入盆中，用保鲜膜贴面包裹，放入冰箱冷藏（4℃）12小时。

9 使用前，将其放入厨师机的缸中，用球桨打发至慕斯状，马上使用。

组装与装饰

10 在直径5厘米、高5厘米的圆形模具中放入7克重组康宝乐，借助勺子将其压平整。挤入模具一半高度的芒果慕斯，借助小抹刀将芒果慕斯均匀抹在模具内壁。放入4个切成1厘米见方的比斯基。

11 再次挤入芒果慕斯，并用抹刀将其抹至与模具同高。放上冷冻好的甜柿果糊，一起放入-38℃的环境中冷冻，完全冷冻好后取出脱模并放入冰箱冷藏（4℃）2小时。取出后用直径大致相同、略高的巧克力圈装饰，中间放几粒石榴。

12 挤入打发好的石榴啫喱慕斯，注意需要将其挤成漂亮的拱形。放入冰箱冷藏（4℃）30分钟，帮助啫喱慕斯定形。在啫喱慕斯上放几片新鲜薄荷叶、新鲜石榴即可。

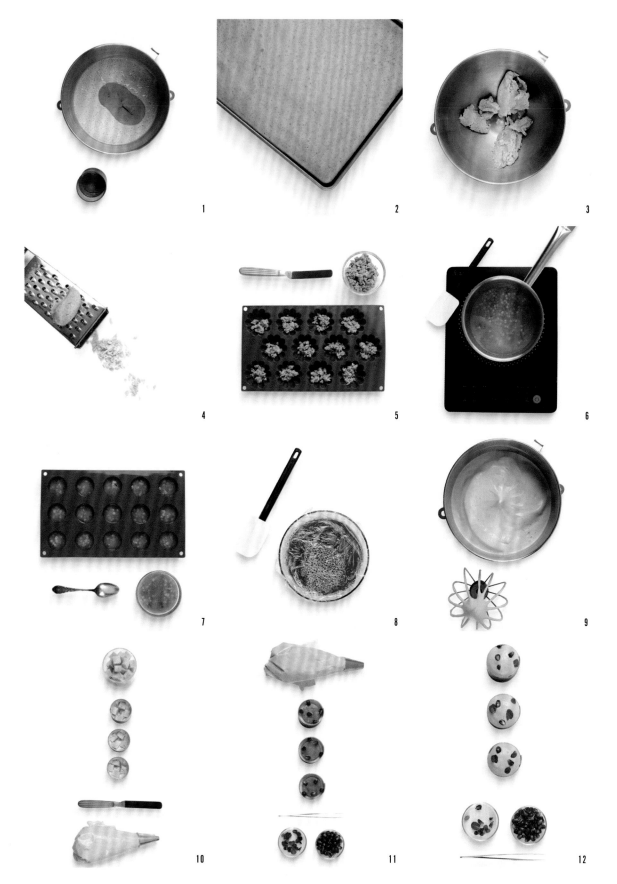

白兰地荔枝花

材料（可制作24个直径5.5厘米的成品）

巧克力比斯基

全蛋　306克

转化糖浆　97.5克

细砂糖　156克

榛子粉　78克

王后T55传统法式面包粉　147克

可可粉　22.5克

泡打粉　9克

肯迪雅稀奶油　147克

柯氏43%牛奶巧克力　78克

可可液块　15克

肯迪雅乳酸发酵黄油　91.5克

荔枝果酱

宝茸荔枝果泥　225克

细砂糖　20克

NH果胶粉　5克

吉利丁混合物　28克

（或5克200凝结值吉利丁粉+24
克泡吉利丁粉的水）

荔枝果肉丁　50克

荔枝奶油

玉米淀粉　5克

水　10克

宝茸荔枝果泥　200克

吉利丁混合物　30.1克

（或4.3克200凝结值吉利丁粉+
25.8克泡吉利丁粉的水）

荔枝慕斯

宝茸荔枝果泥　110克

吉利丁混合物　18.2克

（或2.6克200凝结值吉利丁粉+15.6克泡吉利丁粉的水）

柯氏白巧克力　225克

肯迪雅稀奶油　500克

人头马白兰地打发甘纳许

肯迪雅稀奶油A　183克

吉利丁混合物　21克

（或3克200凝结值吉利丁粉+18

克泡吉利丁粉的水）

柯氏白巧克力　97克

肯迪雅稀奶油B　300克

50%人头马白兰地　50克

装饰

镜面果胶（配方见P190）

白色可可脂（配方见P37）

红色可可脂（配方见P37）

制作方法

荔枝奶油

1 将荔枝果泥倒入单柄锅中，加入混合均匀的水和玉米淀粉，搅拌均匀，慢慢加热升温至黏稠并沸腾。

2 加入泡好水的吉利丁混合物，搅拌均匀后倒入盆中，用保鲜膜贴面包裹，放入冰箱冷藏（4℃）至少2小时，使用前搅拌至奶油质地。

荔枝果酱

3 单柄锅中放入荔枝果泥，加热至35~40℃。筛入混合均匀的细砂糖和NH果胶粉，搅拌均匀并加热至沸腾。

4 离火，加入泡好水的吉利丁混合物，搅拌均匀后倒入盆中。用保鲜膜贴面包裹，放入冰箱冷藏（4℃）2~3小时。

5 将步骤4的材料从冰箱取出，用手持均质机搅打细腻，装入裱花袋，挤入直径2厘米的硅胶模具中，加入荔枝果肉丁，放入冰箱冷冻。

人头马白兰地打发甘纳许

6 在单柄锅中放入稀奶油A，加热至70~80℃，加入泡好水的吉利丁混合物，搅拌至化开，倒在白巧克力上，用均质机均质，加入稀奶油B，再次均质乳化。加入白兰地，再次均质乳化后过筛倒入盆中。保鲜膜贴面包裹，放入冰箱冷藏（4℃）12小时备用。

巧克力比斯基

7 在单柄锅中放入稀奶油，加热至80℃，倒在牛奶巧克力和可可液块上，使用均质机将其均质乳化，制成甘纳许备用。

8 在破壁机中放入全蛋、转化糖浆、细砂糖、杏仁粉、面包粉、可可粉和泡打粉，搅打均匀。倒入步骤7的甘纳许，搅打均匀，加入融化至50℃的黄油，继续搅打均匀。

9 将步骤8的面糊倒在铺有烘焙油布的烤盘上，用弯抹刀将其抹平整。放入烤箱，175℃烤12~15分钟，烤好后在表面盖一张烘焙油布，翻转过来放在网架上降温。

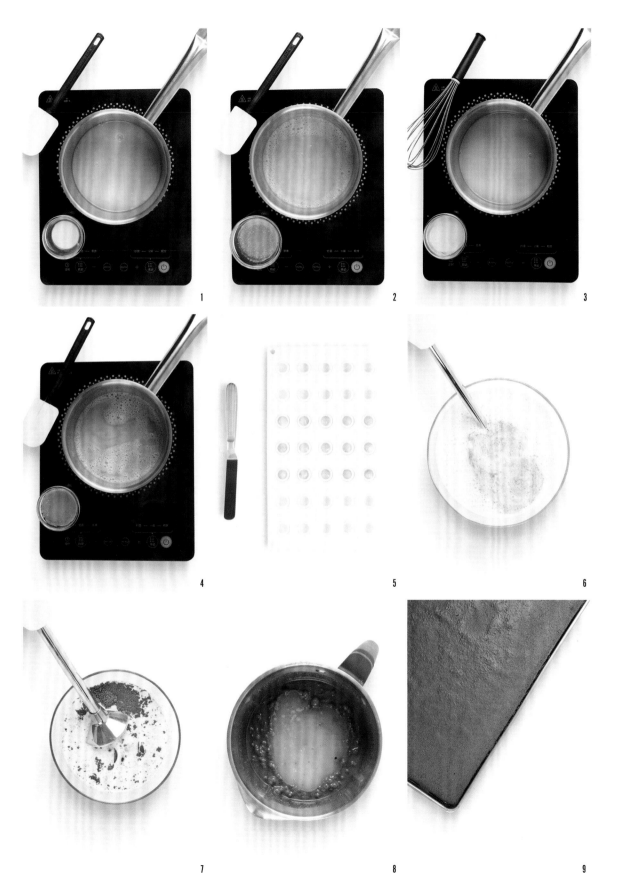

荔枝慕斯

10 将稀奶油倒入厨师机的缸中，用球桨打发成慕斯状，放入冰箱冷藏（4℃）备用。

11 在单柄锅中放入荔枝果泥，加热至80℃，加入泡好水的吉利丁混合物，搅拌均匀后将其倒在白巧克力上，用均质机将其均质乳化成光亮的甘纳许。

12 坐冰水降温至30℃后，加入一半步骤10的打发稀奶油，用蛋抽搅拌均匀。加入步骤10剩下的打发稀奶油，用软刮刀轻轻地搅拌均匀，马上使用。

组装与装饰

13 步骤5的荔枝果酱冻好后脱模。将荔枝奶油搅打至奶油状，挤入直径3厘米的硅胶模具中，放入脱模的荔枝果酱，表面抹平后放入急速冷冻机中。

14 在直径4厘米的硅胶模具中挤入荔枝慕斯，放入步骤13冷冻好的荔枝奶油，表面用荔枝慕斯抹平整。

15 切割一片直径4厘米的圆形巧克力比斯基，盖在步骤14的荔枝慕斯表面，放入急速冷冻机中。

16 冻好后脱模，有比斯基的一面朝下，顶部插上竹签。

17 将人头马白兰地打发甘纳许打发，放入装有裱花嘴（裱花嘴型号SN7029）的裱花袋中，并将其像玫瑰一样挤在步骤16脱模的慕斯上，放入急速冷冻机中冷冻1小时。

18 用喷砂机将白色可可脂全面喷在步骤17冻好的成品上。将红色可可脂局部喷在白色可可脂上。最后喷上一层融化至50℃的镜面果胶。放入冰箱冷藏（4℃）1小时后取出即可。

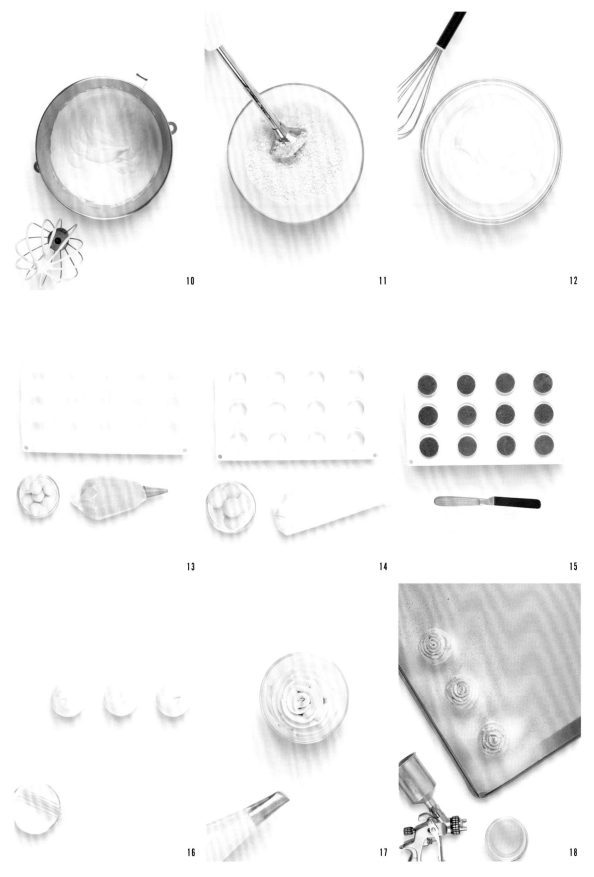

10

11

12

13

14

15

16

17

18

咖啡芒果

材料（可制作24个直径5.5厘米的成品）

浓咖啡康宝乐

肯迪雅乳酸发酵黄油　80克

黄糖　100克

王后T55传统法式面包粉　90克

咖啡粉　7.5克

速溶咖啡　2.5克

盐之花　1克

咖啡奶油霜

全脂牛奶　137克

肯迪雅稀奶油　38.4克

蛋黄　44.9克

细砂糖　18.6克

吉利丁混合物　15.4克

（或2.2克200凝结值吉利丁粉+
13.2克泡吉利丁粉的水）

柯氏43%牛奶巧克力　123.3克

可可脂　32.9克

肯迪雅乳酸发酵黄油　32.9克

速溶咖啡　6.6克

芒果杏仁比斯基

宝茸芒果果泥　475克

葡萄籽油　120克

香草液　5克

50%杏仁膏　475克

王后T45法式糕点专用粉　105克

泡打粉　9克

超细杏仁粉　75克

咖啡奶酱

肯迪雅稀奶油　400克

咖啡豆　133克

细砂糖　44克

葡萄糖浆　74克

水　9克

速溶咖啡　5克

盐之花　0.7克

可可脂　7克

肯迪雅乳酸发酵黄油　9克

芒果百香果果糊

黄糖　38克

NH果胶粉　3.5克

宝茸百香果果泥　113克

宝茸芒果果泥　100克

芒果丁　153克

香草荚　1根

咖啡慕斯奶油

咖啡豆　18克

肯迪雅稀奶油A　140克

吉利丁混合物　21克

（或3克200凝结值吉利丁粉+18克泡
吉利丁粉的水）

柯氏白巧克力　100克

肯迪雅稀奶油B　350克

芒果慕斯

宝茸芒果果泥　324.4克

宝茸百香果果泥　67.6克

吉利丁混合物　67.2克

（或9.6克200凝结值吉利丁粉+57.6克
泡吉利丁粉的水）

蛋清　67.6克

细砂糖　67.6克

肯迪雅稀奶油　364.8克

装饰芒果啫喱

宝茸芒果果泥　234.5克

宝茸百香果果泥　117克

细砂糖　78克

琼脂粉　4克

吉利丁混合物　15.4克

（或2.2克200凝结值吉利丁粉+13.2克
泡吉利丁粉的水）

装饰

白色可可脂（配方见P37）

镜面果胶（配方见P190）

巧克力装饰

制作方法

咖啡奶酱

1　单柄锅中放入稀奶油，加热至沸腾，加入咖啡豆，稍微搅拌。静置15分钟后过筛，称量267克放在单柄锅中。

2　在单柄锅中加入葡萄糖浆、细砂糖、盐之花与混合物好的水和速溶咖啡，加热至102~103℃，倒入盆中。

3　加入可可脂和黄油，用手持均质机将混合物均质乳化。用保鲜膜贴面包裹，放入冰箱冷藏（4℃）至少12小时。

芒果杏仁比斯基

4　在破壁机内放入50%杏仁膏、芒果果泥和香草液，搅打至没有杏仁膏颗粒。

5　加入葡萄籽油，再次搅打。加入过筛的杏仁粉、面粉和泡打粉，搅打1分钟左右。

6　将搅打好的面糊倒入铺有烘焙油布的烤盘上，用弯抹刀抹平整。放入风炉，150℃烤约25分钟。烤好后在表面盖一张烘焙油布，翻转过来放在网架上降温。

咖啡奶油霜

7　在单柄锅中倒入全脂牛奶、稀奶油、速溶咖啡、细砂糖和蛋黄，用蛋抽搅拌均匀。开火慢慢升温至煮成英式奶酱（温度83~85℃），温度煮到后离火，加入泡好水的吉利丁混合物，搅拌均匀。

8　加入可可脂，搅拌至化开后倒在牛奶巧克力上，使用手持均质机将混合物均质乳化。

9　加入黄油，再次均质细腻。倒入盆中，用保鲜膜贴面包裹，放入冰箱冷藏（4℃）备用。

浓咖啡康宝乐

10 将制作浓咖啡康宝乐的所有材料倒入厨师机的缸中，用叶浆搅拌至面团出现。将面团压过四方刨。在硅胶可露丽模具的每个凹槽中放入5克康宝乐碎，用勺子将其压至模具内壁，放入风炉，150℃烤20~25分钟，避潮保存。

咖啡慕斯奶油

11 在单柄锅中倒入稀奶油B，加热至微沸，关火后加入在塑封袋或裱花袋中敲碎的咖啡豆，静置约20分钟。

12 过筛，取140克咖啡味稀奶油，再次加热至80℃后加入泡好水的吉利丁混合物。

13 倒在白巧克力上，均质乳化细腻后降温至28-30℃。

14 加入一半打发的稀奶油A，搅拌均匀，再加入剩下的打发稀奶油A，用软刮刀搅拌均匀，马上使用并速冻。

芒果百香果果糊

15 芒果洗净，去皮，切成4毫米见方的小丁。

16 把香草荚剖开，刮出香草籽。在单柄锅中放入百香果果泥、芒果果泥和香草籽，加热至35~40℃。筛入NH果胶粉与黄糖的混合物，用蛋抽搅拌均匀，加热至沸腾。加入芒果丁，稍微加热至沸腾。倒入直径2.5厘米的半圆形模具中。

芒果慕斯

17 在厨师机的缸中放入蛋清和细砂糖，隔热水将混合物升温至55~60℃，用球浆中速打发，在蛋白糖温度降至30℃时停止。

18 在另一个厨师机的缸中放入稀奶油，用球浆打发，放入冰箱冷藏（4℃）备用。

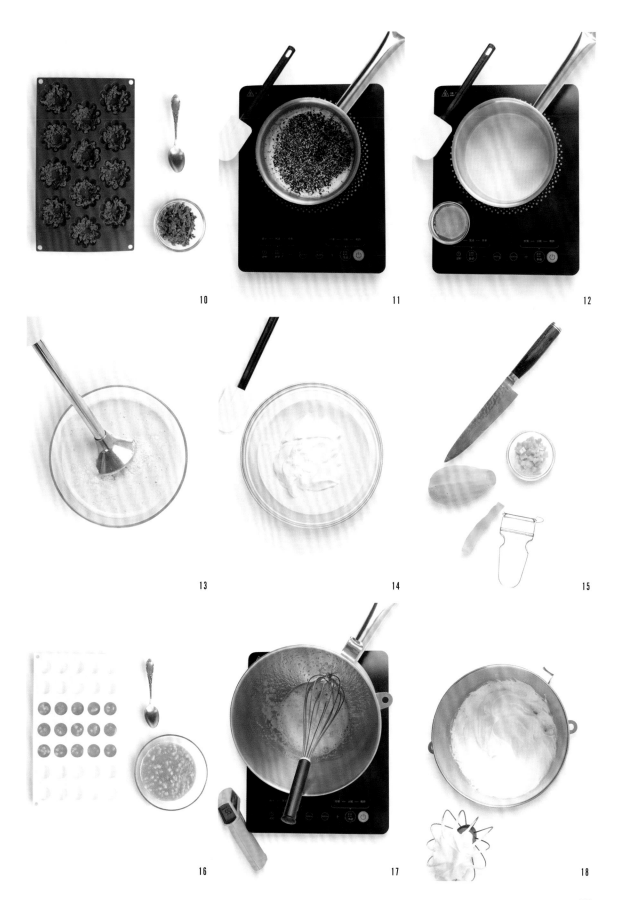

10

11

12

13

14

15

16

17

18

19 把芒果果泥和百香果果泥（温度均为30℃）倒入碗中，加入融化的吉利丁混合物搅拌。加入步骤17的蛋白糖，用蛋抽搅拌均匀。

20 加入一半步骤18的打发稀奶油，搅拌均匀，再加入步骤18剩下的打发稀奶油，用软刮刀搅拌均匀后灌入直径4厘米的半球模具，并在中间放上步骤16冻好的芒果百香果糊，放在-38℃的环境中冷冻。

装饰芒果啫喱

21 在单柄锅中放入百香果果泥和芒果果泥，融化至常温，加入细砂糖和琼脂粉的混合物，然后加热至沸腾。离火，加入泡好水的吉利丁混合物，搅拌均匀。将啫喱倒入放有两个2毫米压克力厚度尺的硅胶垫上（硅胶垫上抹油），制成2毫米厚。放入冰箱冷藏（4℃）至少1小时后切割出形状。

组装与装饰

22 在硅胶可露丽模具中放入浓咖啡康宝乐，静置放凉。挤入咖啡奶油霜，放入第一片直径2厘米的圆形比斯基。

23 挤入咖啡奶酱，放入第二片直径3厘米的圆形比斯基，再次挤入咖啡奶酱，用弯抹刀抹平整后放入-38℃的环境中冷冻。

24 在另一个硅胶可露丽模具中挤入咖啡慕斯奶油，放入步骤20冻好的半球芒果慕斯，再次挤入咖啡慕斯奶油，抹平整后放入-38℃的环境中冷冻。

25 将步骤23和步骤24的两部分脱模，平整的一面相对摆放，用温度为28~30℃的白色可可脂喷砂。

26 融化镜面果胶至50℃后喷在白色可可脂表面，放入冰箱冷冻1.5~2小时。

27 将切割好的装饰芒果啫喱放上，并摆上巧克力装饰即可。

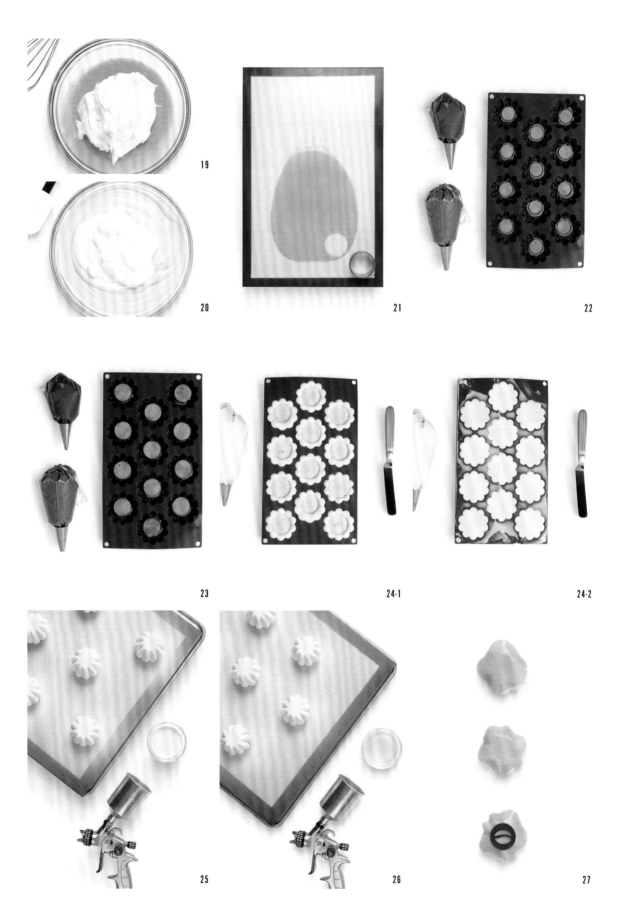

19

20

21

22

23

24-1

24-2

25

26

27

碧根果牛奶巧克力香蕉

材料（可制作24个直径5厘米的成品）

碧根果帕林内
碧根果仁　160克

细砂糖　40克

碧根果康宝乐
肯迪雅乳酸发酵黄油　50克

黄糖　50克

碧根果粉　50克

王后T55传统法式面包粉　100克

细盐　1克

重组康宝乐
柯氏43%牛奶巧克力　40克

可可脂　20克

100%碧根果酱　140克

碧根果康宝乐（见上方）　200克

薄脆　75克

碧根果帕林内（见上方）　40克

细盐　4克

香蕉牛奶巧克力奶油霜
全脂牛奶　125克

肯迪雅稀奶油　35克

蛋黄　41克

细砂糖　17克

吉利丁混合物　14克

（或2克200凝结值吉利丁粉+12
克泡吉利丁粉的水）

柯氏43%牛奶巧克力　112.5克

可可脂　30克

肯迪雅乳酸发酵黄油　30克

宝茸香蕉果泥　50克

香蕉啫喱
宝茸香蕉果泥　250克

三仙胶　2.5克

牛奶巧克力慕斯
全脂牛奶　81克

肯迪雅稀奶油A　81克

蛋黄　33克

细砂糖　13克

柯氏43%牛奶巧克力　335克

肯迪雅稀奶油B　282克

巧克力外壳
柯氏72%黑巧克力　适量

装饰
可可颜色的可可脂（配方见P37）

薄荷叶

制作方法

香蕉牛奶巧克力奶油霜

1 在单柄锅中放入全脂牛奶、稀奶油、细砂糖和蛋黄，搅拌均匀。

2 慢慢加热煮成英式奶酱（温度83~85℃），加入泡好水的吉利丁混合物。

3 搅拌均匀后倒在可可脂和牛奶巧克力上，用均质机均质乳化。加入黄油和香蕉果泥，
再次均质乳化后倒入盆中，用保鲜膜贴面包裹，放入冰箱冷藏（4℃）结晶12小时。

碧根果帕林内

4 碧根果放在烤盘上，放入风炉，150℃烤20~25分钟。在单柄锅中放入细砂糖，煮成干
焦糖后加入烤好的碧根果，搅拌均匀。倒在硅胶垫上，放凉后倒入破壁机的缸中，搅
打成细腻的酱。

牛奶巧克力慕斯

5 将稀奶油B放入厨师机的缸内，用球桨打发成慕斯状后放入冰箱冷藏（4℃）。

6 在单柄锅中放入全脂牛奶、稀奶油A、细砂糖和蛋黄，一起慢慢加热煮成英式奶酱（温
度83~85℃）。

7 将煮好的酱倒在牛奶巧克力上，用均质机均质后倒入盆中，降温至30~32℃。

8 加入步骤5的一半打发稀奶油B，用蛋抽搅拌均匀，再加入步骤5的另外一半打发稀奶
油B，用软刮刀搅拌均匀，马上使用。

碧根果康宝乐

9 将制作碧根果康宝乐的所有材料放入厨师机的缸中，用叶桨搅拌至出现面团。将面团
压过四方刨后放入风炉内，150℃烤20~25分钟，出炉后放凉，避潮保存。

重组康宝乐

10 在打发缸中加入放凉的碧根果康宝乐、细盐和薄脆。向融化至45~50℃的牛奶巧克力和可可脂中加入100%碧根果酱和碧根果帕林内，搅拌均匀后倒入打发缸的混合物上，用叶桨搅拌均匀。

香蕉啫喱

11 将香蕉果泥倒入盆中，加入三仙胶后用均质机均质。用保鲜膜贴面包裹，放入冰箱冷藏（4℃）。

巧克力外壳

12 将黑巧克力调温，倒入直径5厘米的半圆模具中，做一些直径5厘米的巧克力壳，17℃静置结晶，12小时后脱模。

13 将直径3厘米的圆形切割模具加热至45~50℃，把巧克力壳放在半圆形模具上烫出洞，与另一个没有洞的巧克力粘起来。

14 有洞的一面朝下，淋上调温黑巧克力。

15 放置凝固后用可可颜色的可可脂喷砂。

组装与装饰

16 将重组康宝乐稍微弄碎；将香蕉牛奶巧克力奶油霜放入装有直径6毫米裱花嘴的裱花袋中；将香蕉啫喱放入裱花袋中；将牛奶巧克力慕斯放入裱花袋中。

17 在巧克力壳中放入弄碎的重组康宝乐，挤入一些香蕉牛奶巧克力奶油霜。

18 像挤泡芙一样挤入香蕉啫喱，然后挤入牛奶巧克力慕斯，放入冰箱冷冻。

19 放入重组康宝乐碎和薄荷叶装饰即可。

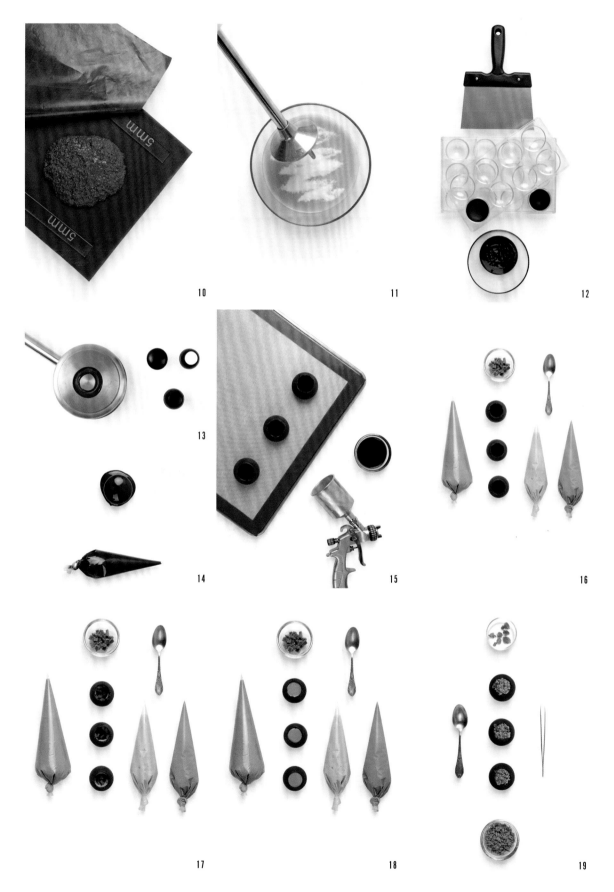

10

11

12

13

14

15

16

17

18

19

桂花马蹄巴黎布雷斯特

材料（可制作6个）

泡芙面糊
配方见P32

酒酿香草卡仕达酱
全脂牛奶　337.5克
肯迪雅稀奶油　37.5克
香草荚　1/2根
细砂糖　66克
玉米淀粉　30克
蛋黄　66克
肯迪雅乳酸发酵黄油　30克
酒酿　140克

桂花打发甘纳许
肯迪雅稀奶油　353.6克
吉利丁混合物　23.1克
（或3.3克200凝结值吉利丁粉+
19.8克泡吉利丁粉的水）
柯氏白巧克力　122克
桂花酿　70克
桂花酒　30克

夹心
马蹄　适量
桂花酿　适量

装饰
杏仁碎
干桂花

制作方法

酒酿香草卡仕达酱

1 玉米淀粉过筛，加入细砂糖，使用蛋抽搅拌均匀；加入蛋黄，再次拌匀。全脂牛奶、稀奶油、香草籽及取籽后的香草荚壳放入单柄锅中，煮沸，冲入搅拌好的蛋黄淀粉糊，边倒边搅拌。倒回单柄锅，中火煮至浓稠，冒大泡，不停搅拌，使其均匀受热。

2 加入黄油，搅拌均匀后用保鲜膜贴面包裹，放入冰箱冷藏凝固后过筛。

3 加入酒酿，翻拌均匀。

桂花打发甘纳许

4 单柄锅中加入稀奶油，加热至80℃，离火，加入泡好水的吉利丁混合物，搅拌至化开。冲入白巧克力中，用均质机均质。

5 加入桂花酿、桂花酒，用刮刀拌匀。用保鲜膜贴面包裹，放入冰箱冷藏至少8小时。

泡芙裱挤

6 烤盘垫上带孔烤垫，用直径4厘米和直径8厘米的刻模蘸上糖粉，在烤垫上留下印记。将提前做好的泡芙面糊装入带有18齿裱花嘴的裱花袋中，裱挤出环形泡芙。

组装与装饰

7 泡芙表面撒上杏仁碎，将多余的坚果抖出；放入平炉烤箱，上火180℃，下火160℃，烤35分钟。烤好后取出，用锯齿刀切开。

8 上半部分用直径3厘米和直径7厘米的刻模刻出形状。冷却后的桂花打发甘纳许放入厨师机中，用球桨中高速搅打至八成发。

9 马蹄去皮，切成大小一致的小丁；桂花打发甘纳许装入带有12齿裱花嘴的裱花袋中；桂花酿装入裱花袋中；酒酿香草卡仕达酱装入带有直径1厘米裱花嘴的裱花袋中。

10 泡芙壳中挤入酒酿香草卡仕达酱，放上马蹄丁，挤上桂花酿，使用弯柄抹刀抹平整。

11 裱挤上桂花打发甘纳许。

12 放上步骤8刻好的泡芙壳；装饰干桂花即可。

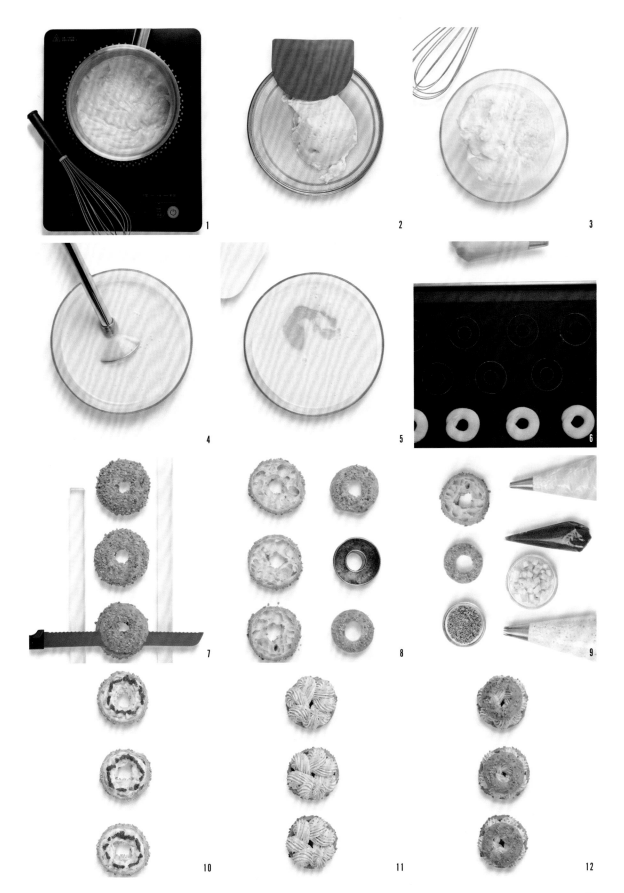

碧根果榛子泡芙

材料

碧根果帕林内
碧根果仁　270克
细砂糖　180克
细盐　0.5克

榛子蛋白糖
蛋清　125克
细砂糖　65克
糖粉　130克
榛子粉　40克
玉米淀粉　5克

原味酥皮
配方见P30

泡芙面糊
配方见P32

基础卡仕达酱
全脂牛奶　562克
香草荚　1根
细砂糖　87克
蛋黄　141克
玉米淀粉　55克
可可脂　55克

碧根果帕林内奶油
基础卡仕达酱（见上方）　550克
碧根果帕林内（见左侧）　150克
肯迪雅乳酸发酵黄油　250克

泡沫巧克力配件
柯氏70%黑巧克力　325克
可可脂　175克
大豆卵磷脂粉　10克

装饰
可可颜色的可可脂（配方见P37）

制作方法

泡沫巧克力配件

1　将可可脂加热至60℃，使其化开，加入大豆卵磷脂粉，用均质机搅打均匀。加入加热至60℃的黑巧克力，再次均质后倒入量杯中。

2　在步骤1的混合物中放入氧气泵，开机打泡，打到有足够的气泡后放入冰箱冷冻。

3　等气泡凝固后取出切割出形状。

基础卡仕达酱

4　在盆中搅拌玉米淀粉和细砂糖，加入蛋黄和100克冷的全脂牛奶。

5　将剩下的全脂牛奶倒入锅中，加入香草籽（将香草荚剖开，刮出香草籽），加热至沸腾。

6　向步骤4的材料中倒入一半步骤5的热牛奶，搅拌均匀，倒回步骤5盛有牛奶的锅中回煮，慢慢加热至淀粉糊化，混合物沸腾。

7　离火，加入可可脂，用蛋抽搅拌均匀后倒入碗中。用保鲜膜贴面包裹，放入冰箱冷藏（4℃）备用。

碧根果帕林内奶油

8　基础卡仕达酱放入厨师机的缸中，加入碧根果帕林内（做法参照P34的60%榛子帕林内），搅拌均匀。

9　加入软化后的黄油，搅拌均匀后马上使用。

榛子蛋白糖

10　榛子粉放入风炉中，150℃烤约20分钟。在厨师机的缸中倒入蛋清和细砂糖，用球桨中速打发至干性发泡状态，加入过筛的糖粉、榛子粉和玉米淀粉，搅拌均匀。

11　将步骤10的蛋白霜放入装有直径12毫米裱花嘴的裱花袋中，挤入铺有烘焙油布的烤盘上。放入风炉，130℃烤约1小时，取出后避潮保存。

组装与装饰

12　泡芙面糊放入装有直径1厘米圆形裱花嘴的裱花袋中，在铺有烘焙油布的烤盘上挤出直径3厘米的泡芙，盖上直径4厘米的原味酥皮，放入平炉，上火180℃，下火170℃，烤35分钟后取出冷却。将碧根果帕林内奶油放入裱花袋中；用圆形裱花嘴将泡芙戳洞；榛子蛋白糖切块。将碧根果帕林内奶油挤入泡芙中。

13　将碧根果帕林内奶油用扁裱花嘴旋转挤满泡芙表面。

14　在表面摆上泡沫巧克力配件和榛子蛋白糖，喷上喷砂（可可颜色的可可脂）即可。

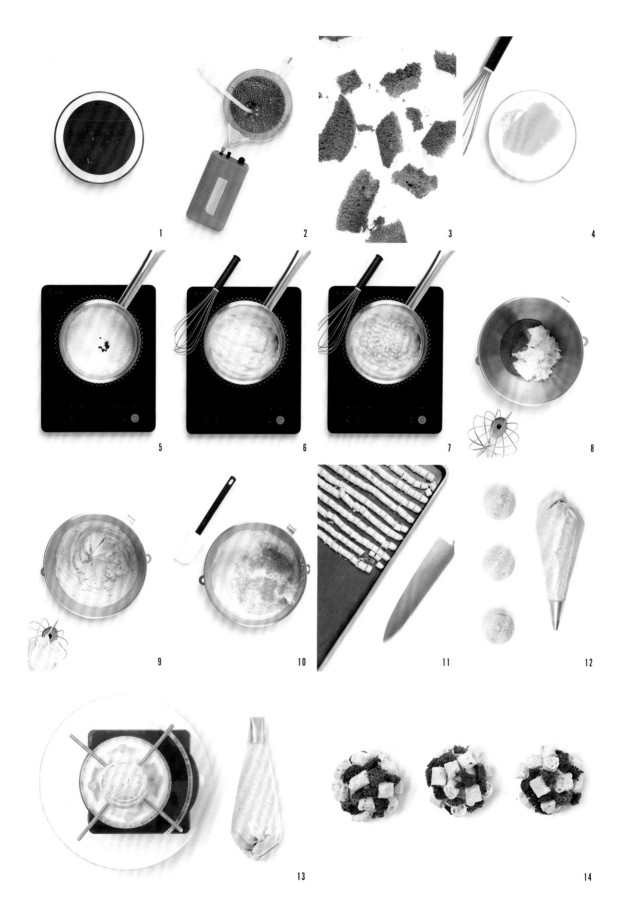

巧克力椰香泡芙

材料（可制作24个直径5.5厘米的成品）

泡芙面糊
配方见P32

可可酥皮
配方见P31

基础巧克力卡仕达酱

全脂牛奶　225克
肯迪雅稀奶油　25克
香草荚　1根
细砂糖　37.5克
蛋黄　50克
玉米淀粉　25克
可可液块　40克
肯迪雅乳酸发酵黄油　25克

巧克力轻奶油

基础巧克力卡仕达酱
（见上方）　200克
细盐　0.3克
肯迪雅稀奶油　100克

椰子打发甘纳许

肯迪雅稀奶油A　140克
吉利丁混合物　21克
（或3克200凝结值吉利丁粉+18
克泡吉利丁粉的水）
柯氏白巧克力　100克
肯迪雅稀奶油B　350克
马利宝椰子酒　35克

巧克力淋面

柯氏55%黑巧克力　500克
柯氏43%牛奶巧克力　115克
葡萄籽油　85克

松软椰香青柠
椰蓉　110克
细砂糖　110克
宝茸椰子果泥　56克
马利宝椰子酒　56克
青柠檬皮屑　2克

装饰
黑色镜面淋面（配方见P36）
椰蓉

制作方法

松软椰香青柠

1 在单柄锅中放入细砂糖和椰子果泥，加热至沸腾，确保细砂糖全部化开并与椰子果泥融合成糖浆。加入马利宝椰子酒和青柠檬皮屑，搅拌均匀。

2 加入椰蓉，搅拌均匀。

3 搅拌均匀后倒入碗中，用保鲜膜贴面包裹，放入冰箱冷藏（4℃）保存。

基础巧克力卡仕达酱

4 把香草荚剖开，刮出香草籽。在单柄锅中放入全脂牛奶和香草籽，加热至沸腾。在盆中放入玉米淀粉和细砂糖，搅拌均匀后加入稀奶油和蛋黄，倒入一半单柄锅中的热牛奶，搅拌均匀后倒回锅中。

5 慢慢加热升温直至淀粉变黏稠，此时卡仕达酱应该沸腾。离火，加入黄油和可可液块，用蛋抽搅拌乳化。

6 倒在盆中，放入急速冷冻机中快速降温，用保鲜膜贴面包裹，放入冰箱冷藏（4℃）保存。

巧克力轻奶油

7 在厨师机的缸中放入稀奶油和细盐，打发成慕斯状后放入冰箱冷藏（4℃）备用。将称好的基础巧克力卡仕达酱过筛，用蛋抽搅拌均匀。往基础巧克力卡仕达酱中加入1/4的打发稀奶油，用蛋抽搅拌均匀。

8 加入剩下的打发稀奶油，用软刮刀翻拌均匀。

9 倒入盆中，用保鲜膜贴面包裹，放入冰箱冷藏（4℃）备用。

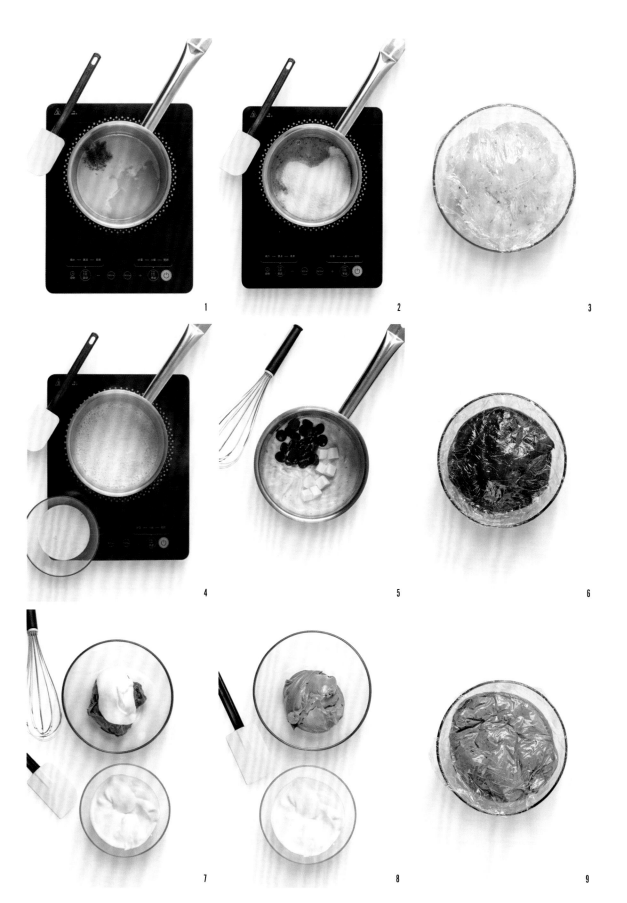

椰子打发甘纳许

10 在单柄锅中放入稀奶油A，加热至70~80℃，加入泡好水的吉利丁混合物，搅拌至化开。

11 倒在白巧克力上并均质。加入稀奶油B，均质乳化至细腻。

12 加入马利宝椰子酒，再次均质乳化。将混合物倒入盆中，用保鲜膜贴面包裹，放入冰箱冷藏（4℃）12小时。

13 冷藏好后取出一半的量，打发至需要的质地，用裱花袋挤入直径2.5厘米的圆形硅胶模具中，放入-38℃的环境中冻硬。

巧克力淋面

14 将黑巧克力和牛奶巧克力加热至45~50℃，使其化开，将两种巧克力搅拌均匀。加入葡萄籽油，搅拌均匀后，温度降至34~35℃，制成巧克力淋面备用。将步骤13冻好的椰子打发甘纳许脱模后插上牙签，拿着牙签将其蘸满巧克力淋面。

组装与装饰

15 可可泡芙面糊放入装有直径1厘米圆形裱花嘴的裱花袋中，在铺有烘焙油布的烤盘上挤出直径3厘米的泡芙，盖上直径4厘米的可可酥皮，放入平炉，上火180℃，下火170℃，烤35分钟后取出冷却。用圆形裱花嘴将泡芙戳洞；将黑色镜面淋面加热至28~30℃，使其化开，然后淋在包有巧克力淋面的椰子打发甘纳许小球上，放入-18℃的环境中冷冻备用；将巧克力轻奶油放入裱花袋中，将步骤13剩余的全部椰子打发甘纳许打发到需要的质地，装入裱花袋。将巧克力轻奶油挤入泡芙内。

16 在挤入巧克力轻奶油的洞口放一些松软椰香青柠。

17 在泡芙表面挤一坨椰子打发甘纳许，用水果挖球勺压出一个凹槽。

18 在上面撒椰蓉，最后放上步骤15准备好的小球即可。

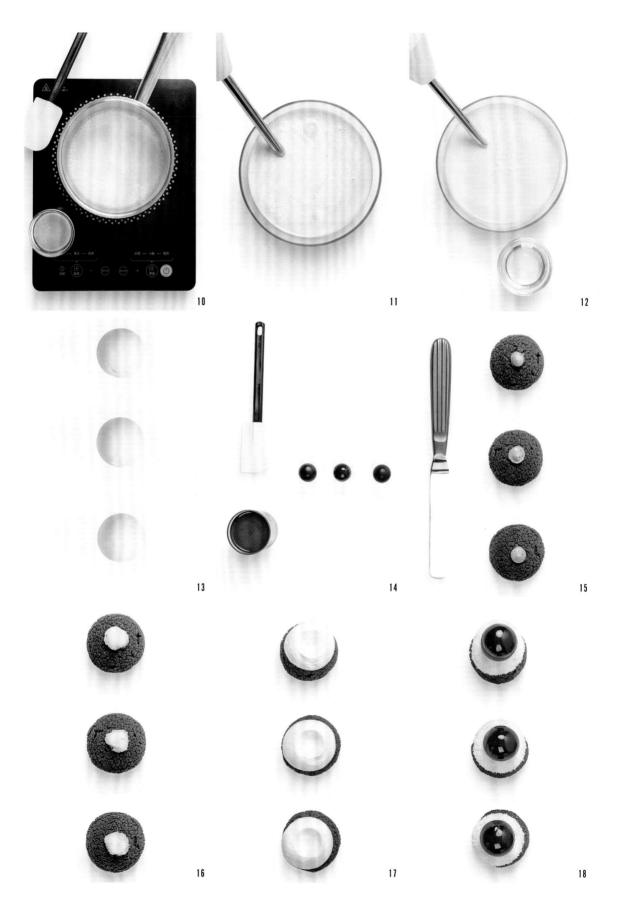

10

11

12

13

14

15

16

17

18

咖啡榛子泡芙

材料（可制作24个直径5.5厘米的成品）

60%帕林内打发甘纳许

水　225克

0%脱脂奶粉　40克

吉利丁混合物　21克

（或3克200凝结值吉利丁粉+18

克泡吉利丁粉的水）

60%榛子帕林内

（配方见P34）　270克

可可脂　110克

巴氏蛋清　130克

肯迪雅稀奶油　225克

咖啡打发甘纳许

肯迪雅稀奶油A　140克

咖啡豆　18克

吉利丁混合物　21克

（或3克200凝结值吉利丁粉+

18克泡吉利丁粉的水）

柯氏白巧克力　100克

肯迪雅稀奶油B　350克

可可泡芙面糊

配方见P33

可可酥皮

配方见P31

装饰

60%榛子帕林内（配方见P34）

切碎的烘烤榛子

制作方法

小贴士

每一步都需要均质乳化，这非常重要，因为部分材料的油脂相对含量比较高，如果乳化工作没有做好就会导致无法打发的情况出现。

60%帕林内打发甘纳许

1 在单柄锅中放入水和0%脱脂奶粉，加热至70~80℃，离火，加入泡好水的吉利丁混合物，搅拌均匀。

2 加入可可脂，并使用均质机乳化；加入60%榛子帕林内后均质；加入冷的稀奶油和巴氏蛋清，再次均质。将混合物通过细粉筛或过滤布倒入盆中，用保鲜膜贴面包裹，放入冰箱冷藏（4℃）至少12小时。

咖啡打发甘纳许

3 在单柄锅中放入稀奶油A，加热至80℃，加入敲碎的咖啡豆，静置约20分钟后过筛，并将稀奶油A的重量补齐，将补齐重量的稀奶油加热至80℃。

4 加入泡好水的吉利丁混合物，搅拌均匀后倒在白巧克力上并均质；加入4℃的稀奶油B，均质乳化。将混合物过筛倒入盆中，用保鲜膜贴面包裹，放入冰箱冷藏（4℃）至少12小时。

泡芙

5 将可可泡芙面糊放入装有直径1厘米裱花嘴的裱花袋中，挤成直径3厘米的圆形。

6 在泡芙面糊表面放上直径4厘米的可可酥皮。放入平炉烤箱，上火180℃，下火170℃，开风口，烤25~30分钟。然后将平炉门打开，用同样的温度再烘烤5~10分钟（此步骤起到进一步干燥泡芙的作用）。

组装与装饰

7 用裱花嘴将泡芙底部戳三个洞；将60%帕林内打发甘纳许打发放入装有直径8毫米裱花嘴的裱花袋中；借助蛋抽打发咖啡甘纳许，放入装有直径12毫米裱花嘴的裱花袋中；准备一个小裱花袋的60%榛子帕林内。

8 往泡芙里面挤入60%帕林内打发甘纳许，并用弯抹刀抹平表面。

9 将咖啡打发甘纳许像小球一样挤在可可酥皮上，借助勺子在挤好的咖啡打发甘纳许上压出一个凹槽。将60%榛子帕林内挤入压好的凹槽内。

10 将切碎的烘烤榛子摆在咖啡打发甘纳许上即可。

芒果百香果闪电泡芙

材料（可制作10个）

百香果芒果奶油酱

全脂牛奶　100克
宝茸百香果果泥　100克
宝茸芒果果泥　50克
细砂糖　90克
全蛋　200克
蛋黄　50克
吉利丁混合物　28克
（或4克200凝结值吉利丁粉+
24克泡吉利丁粉的水）
肯迪雅乳酸发酵黄油　125克

百香果芒果啫喱

宝茸百香果果泥　150克
宝茸芒果果泥　120克
细砂糖　105克
NH果胶粉　7克
吉利丁混合物　42克
（或6克200凝结值吉利丁粉+
36克泡吉利丁粉的水）
青柠檬汁　5克

椰子打发甘纳许

肯迪雅稀奶油A　200克
葡萄糖浆　26克
吉利丁混合物　42克
（或6克200凝结值吉利丁粉+
36克泡吉利丁粉的水）
柯氏白巧克力　160克
肯迪雅稀奶油B　300克
宝茸椰子果泥　200克
椰子酒　60克

泡芙面糊

配方见P32

装饰

芒果丁
青柠檬皮
百香果籽
巧克力片

制作方法

百香果芒果奶油酱

1. 盆中加入全蛋、蛋黄和细砂糖，用蛋抽搅拌均匀。单柄锅中加入全脂牛奶、百香果果泥和芒果果泥，煮沸后冲入搅拌均匀的蛋液中，其间使用蛋抽边倒边搅拌，使其均匀受热。

2. 将步骤1的混合物倒回单柄锅，用小火煮至82~84℃。离火，加入泡好水的吉利丁混合物，搅拌均匀，降温至45℃左右。加入软化至膏状的黄油，用均质机均质。用保鲜膜贴面包裹，放入冷藏冰箱降温凝固备用。

百香果芒果啫喱

3. 单柄锅中加入百香果果泥和芒果果泥，加热至45℃左右。加入混合均匀的细砂糖和NH果胶粉，边倒边使用蛋抽搅拌，直至煮沸。

4. 离火，加入泡好水的吉利丁混合物，搅拌至化开。加入青柠檬汁，混合均匀。用保鲜膜贴面包裹，放入冰箱冷藏冷却。

椰子打发甘纳许

5. 单柄锅中加入稀奶油A和葡萄糖浆，加热至80℃。离火，加入泡好水的吉利丁混合物，搅拌至化开。冲入装有白巧克力的盆中，用均质机均质。

6. 加入稀奶油B，均质。加入椰子果泥和椰子酒，均质。用保鲜膜贴面包裹，放入冰箱冷藏（4℃）8小时后使用。

组装与装饰

7. 将泡芙面糊装入带有16齿裱花嘴的裱花袋中；烤盘上垫带孔烤垫，裱挤泡芙面糊，长度12厘米。表面均匀地喷上脱模油，防止开裂。放入平炉烤箱，上火160℃，下火170℃，烤35分钟。

8. 椰子打发甘纳许打发至八成发，装入带有直径1厘米裱花嘴的裱花袋中；百香果芒果奶油酱搅拌顺滑，装入裱花袋中；百香果芒果啫喱搅拌顺滑，装入裱花袋中；新鲜芒果切成正方形小块；青柠檬削皮。

9. 在步骤7烤好的泡芙中裱挤入百香果芒果奶油酱；放入芒果丁和百香果籽。

10. 再次填入百香果芒果奶油酱，用弯柄抹刀抹平整；放上巧克力片；裱挤椰子打发甘纳许；裱挤百香果芒果啫喱；最后放上青柠檬皮装饰即可。

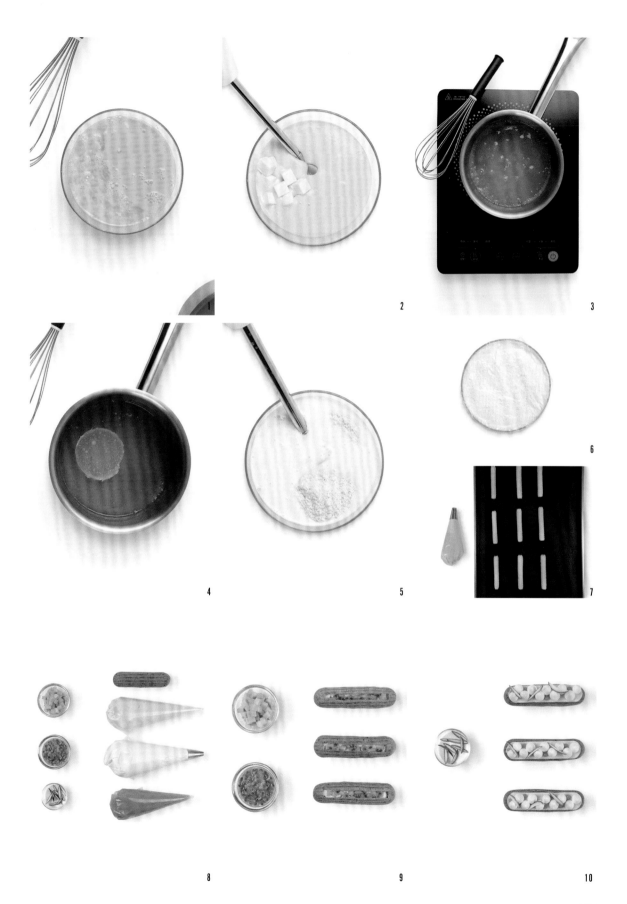

焦糖咖啡闪电泡芙

材料（可制作10个）

焦糖奶油酱
细砂糖　180 克
香草荚　1根
肯迪雅乳酸发酵黄油　20 克
肯迪雅稀奶油　180 克
海盐　3 克

咖啡卡仕达酱
全脂牛奶　229克
咖啡豆　28克
蛋黄　26克
细砂糖　24克
玉米淀粉　13克
吉利丁混合物　8.4克
（或1.2克200凝结值吉利丁
粉+7.2克泡吉利丁粉的水）
肯迪雅乳酸发酵黄油　70克

黑巧克力淋面
水　56克
细砂糖　113克
葡萄糖浆　113克
吉利丁混合物　52.5克
（或7.5克200凝结值吉利丁粉+45
克泡吉利丁粉的水）
柯氏71%黑巧克力（曼哥罗）　113克
甜炼乳　75克

装饰
50%杏仁膏
咖啡豆
镜面果胶（配方见P190）

制作方法

焦糖奶油酱

1 单柄锅中加入细砂糖、香草籽及取籽后的香草荚，中小火加热至180℃，熬成焦糖；加入软化至膏状的黄油，用刮刀拌匀。

2 另一只单柄锅中加入稀奶油和海盐，加热至80℃后倒入步骤1的混合物中，其间使用刮刀持续搅拌。再次煮沸，用保鲜膜贴面包裹，放在室温下冷却，使用前取出香草荚。

黑巧克力淋面

3 单柄锅中加入水、细砂糖和葡萄糖浆，加热至103℃。关火，加入泡好水的吉利丁混合物，搅拌均匀。冲入装有黑巧克力的盆中，用均质机均质。

4 加入甜炼乳，均质。用保鲜膜贴面包裹，放入冰箱冷藏（4℃）凝固。

咖啡卡仕达酱

5 全脂牛奶煮沸，加入敲碎的咖啡豆，盖上盖子焖15分钟。过筛出咖啡豆渣，补齐全脂牛奶重量至229克，煮沸。

6 细砂糖加入蛋黄和过筛后的玉米淀粉，搅拌均匀。冲入步骤5煮沸的咖啡牛奶，其间使用蛋抽边倒边搅拌，使其均匀受热。倒回单柄锅中，煮至浓稠冒大泡。离火，加入泡好水的吉利丁混合物，搅拌至化开；加入黄油，搅匀均匀。用保鲜膜贴面包裹，放入冰箱冷藏（4℃）凝固。

组装与装饰

7 50%杏仁膏放在两张油布中间，用擀面杖擀至1毫米厚，放入冰箱冷冻。取出用长13厘米的环形刻模刻出形状，放入冰箱冷冻备用。

8 咖啡卡仕达酱搅拌顺滑，装入裱花袋中；焦糖奶油酱装入裱花袋中；黑巧克力淋面回温至26℃左右，放入盆中。

9 闪电泡芙底部用工具戳三个洞，先往泡芙内部挤入搅拌顺滑的咖啡卡仕达酱，再挤入焦糖奶油酱。

10 泡芙表面刷一层镜面果胶；放上50%杏仁膏环形片，贴紧闪电泡芙；表面蘸上黑巧克力淋面；放上咖啡豆装饰即可。

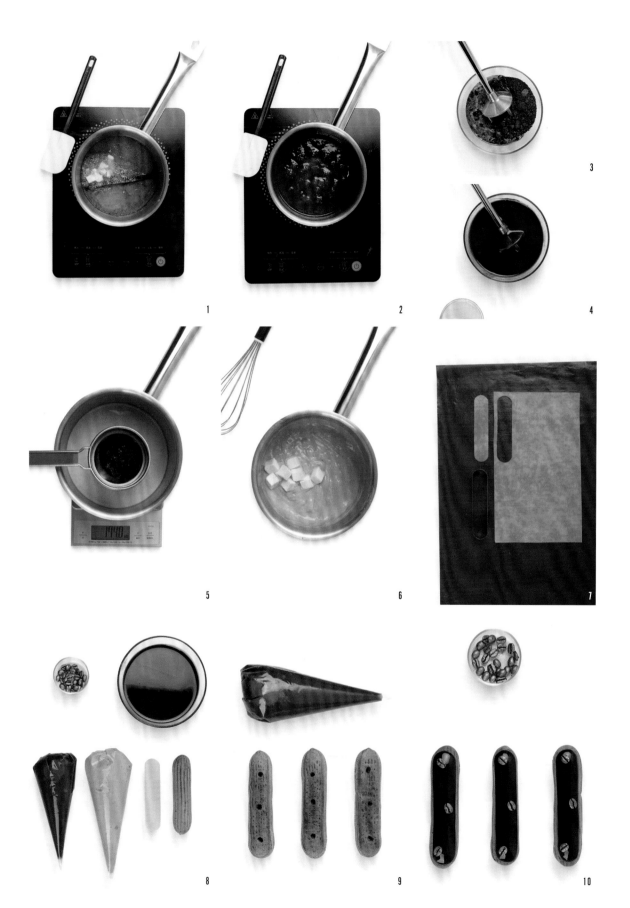

青柠檬罗勒闪电泡芙

材料（可制作20个）

青柠檬罗勒奶油酱

鲜榨青柠檬汁　120克

黄柠檬皮屑　1个量

细砂糖　145克

全蛋　150克

吉利丁混合物　14克

（或2克200凝结值吉利丁粉+12
克泡吉利丁的水）

肯迪雅乳酸发酵黄油　220克

新鲜罗勒叶　3克

甜瓜啫喱

宝茸甜瓜果泥　254克

葡萄糖浆　20克

细砂糖　40克

NH果胶粉　10克

鲜榨黄柠檬汁　10克

酸奶乳酪香缇奶油

全脂牛奶　48克

肯迪雅稀奶油A　80克

细砂糖　32克

吉利丁混合物　21克

（或3克200凝结值吉利丁粉+18克泡
吉利丁粉的水）

肯迪雅奶油奶酪　40克

酸奶　48克

肯迪雅稀奶油B　250克

斑斓乳酪香缇奶油

全脂牛奶　48克

肯迪雅稀奶油A　80克

细砂糖　32克

吉利丁混合物 21克

（或3克200凝结值吉利丁粉+18克泡
吉利丁粉的水）

肯迪雅奶油奶酪　40克

斑斓粉　9克

肯迪雅稀奶油B　250克

装饰

新鲜罗勒叶

制作方法

青柠檬罗勒奶油酱

1 全蛋加细砂糖搅拌均匀。单柄锅中加入鲜榨青柠檬汁、黄柠檬皮屑，煮沸，冲入搅拌均匀的蛋液中，其间使用蛋抽边倒边搅拌，使其均匀受热。

2 倒回单柄锅中，小火加热至82~85℃。离火，加入泡好水的吉利丁混合物，搅拌至化开。降温至45℃左右，加入软化至膏状的黄油和新鲜罗勒叶，用均质机均质。过筛，用保鲜膜贴面包裹，放入冷藏冰箱冷却凝固。

甜瓜啫喱

3 单柄锅中加入甜瓜果泥和葡萄糖浆，加热至45℃左右。加入混合均匀的细砂糖和NH果胶粉，边倒边搅拌。煮沸后离火，加入鲜榨黄柠檬汁，搅拌均匀。用保鲜膜贴面包裹，放入冰箱冷藏（4℃）冷却。

酸奶乳酪香缇奶油

4 单柄锅中加入全脂牛奶、稀奶油A和细砂糖，煮沸。离火，加入泡好水的吉利丁混合物，搅拌至化开。冲入装有奶油奶酪和酸奶的盆中，用均质机均质。

5 加入稀奶油B，均质。用保鲜膜贴面包裹，放入冰箱冷藏（4℃）8小时后使用。

斑斓乳酪香缇奶油

6 单柄锅中加入全脂牛奶、稀奶油A和细砂糖，煮沸。离火，加入泡好水的吉利丁混合物，搅拌至化开。冲入装有奶油奶酪和斑斓粉的盆中，用均质机均质。

7 加入稀奶油B，均质。用保鲜膜贴面包裹，放入冰箱冷藏（4℃）8小时后使用。

组装与装饰

8 酸奶乳酪香缇奶油中高速搅打至八成发；斑斓乳酪香缇奶油中高速搅打至八成发。将两种香缇奶油一边一半装入带有直径1.8厘米圆形裱花嘴的裱花袋中；甜瓜啫喱用蛋抽搅拌顺滑，装入裱花袋中；青柠檬罗勒奶油酱用刮刀搅拌顺滑，装入裱花袋中。

9 泡芙中挤入青柠檬罗勒奶油酱。挤入甜瓜啫喱，用弯柄抹刀抹平整。

10 以画圈的方式裱挤上香缇奶油，放上新鲜的罗勒叶装饰即可。

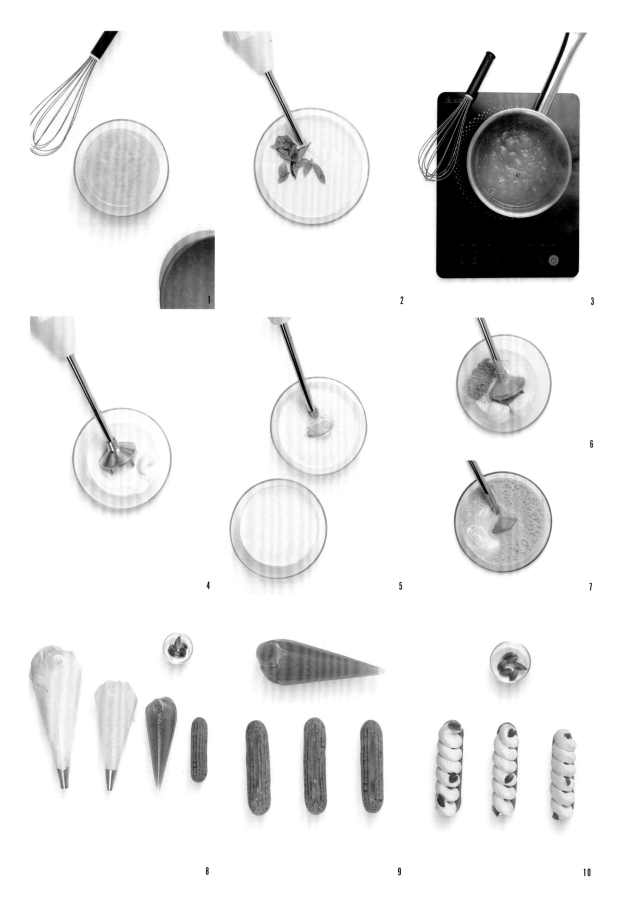

香草芭乐抹茶慕斯

材料（可制作2个）

抹茶比斯基
杏仁粉　152克
糖粉　200克
玉米淀粉　34克
蛋清A　174克
蛋黄　24克
蛋清B　166克
细砂糖　100克
抹茶粉　18克
王后T45法式糕点粉　76克
肯迪雅乳酸发酵黄油　200克

草莓树莓啫喱
宝茸草莓果泥　35克
宝茸树莓果泥　35克
水　102克
细砂糖A　30克
葡萄糖浆　10克
细砂糖B　16克
NH果胶粉　3克
吉利丁混合物28克
（或4克200凝结值吉利丁粉+24克泡吉利丁粉的水）
鲜榨柠檬汁　6克

粉淋面
水　56克
细砂糖　113克
葡萄糖浆　113克
吉利丁混合物　52.5克
（或7.5克200凝结值吉利丁粉+
45克泡吉利丁粉的水）
柯氏白巧克力　113克
甜炼乳　75克
油溶性红色色素　适量
油溶性白色色素　适量

树莓啫喱
宝茸树莓果泥　146克
树莓颗粒　50克
葡萄糖浆　22.8克
细砂糖　45克
325NH95果胶粉　3.8克
鲜榨柠檬汁　15.5克

芭乐慕斯
宝茸芭乐果泥　240克
宝茸凤梨果泥　80克
蛋黄　25克
细砂糖　37克
吉利丁混合物　42克
（或6克200凝结值吉利丁粉+36克泡吉利丁粉的水）
肯迪雅稀奶油　185克

香草慕斯
肯迪雅稀奶油A　75克
香草荚　1/2根
蛋黄　20克
细砂糖　20克
吉利丁混合物　17.5克
（或2.5克200凝结值吉利丁粉+
15克泡吉利丁粉的水）
肯迪雅稀奶油B　300克

装饰
巧克力配件
新鲜树莓

制作方法

小贴士

如何判断比斯基已烤熟?

透过炉门看比斯基表面,若已结皮,之后打开炉门,用手指触摸表面,面糊不粘手指;最后,轻轻按压比斯基,若会回弹,即可出炉。

抹茶比斯基

1 将杏仁粉、糖粉和玉米淀粉过筛,加入装有蛋清A和蛋黄的打发缸中,使用球桨高速打发至颜色变白,体积膨胀。

2 蛋清B和细砂糖放入打发缸中,使用球桨中高速打发至中性发泡,呈鹰钩状。打发好的蛋白霜加入步骤1的缸中,用刮刀翻拌均匀。加入过筛后的糕点粉和抹茶粉,用刮刀翻拌均匀。

3 取一小部分步骤2的面糊,加入融化至45℃左右的黄油中,用蛋抽搅拌均匀后倒回至大部分面糊中,用刮刀翻拌均匀。烤盘上垫烘焙油布,倒入面糊,用弯柄抹刀抹平整;风炉烤箱180℃,烤8分钟,转炉2分钟。出炉后,立即转移至网架上,表面盖一张油布,保持湿润。

树莓啫喱

4 单柄锅中加入树莓果泥和树莓颗粒,加热至45℃左右。将细砂糖和325NH95果胶粉混合均匀后加入单柄锅中,边倒边用蛋抽搅拌。继续加热至煮沸,其间使用蛋抽持续搅拌,加入鲜榨柠檬汁拌匀。

草莓树莓啫喱

5 单柄锅中加入草莓果泥、树莓果泥、水、细砂糖A、葡萄糖浆,加热至45℃左右。倒入提前混合均匀的细砂糖B和NH果胶粉,边倒边搅拌,搅拌至均匀无颗粒。加热至整体冒泡,其间使用蛋抽搅拌,使其均匀受热。

6 离火,加入泡好水的吉利丁混合物,搅拌至化开。加入鲜榨柠檬汁,搅拌均匀。倒入直径13.8厘米的"蚊香盘"硅胶模具中,放入速冻冰箱冷却凝固。

芭乐慕斯

7 蛋黄加入细砂糖,用蛋抽搅拌均匀。芭乐果泥、凤梨果泥加入单柄锅中,煮沸后冲入搅拌均匀的蛋黄液中。

8 将步骤7的混合物倒回单柄锅,小火加热至82~85℃杀菌。过筛,加入泡好水的吉利丁混合物,搅拌至化开,降温至30℃。

9 稀奶油搅打至五成发;将打发好的稀奶油加入步骤8的混合物中,用刮刀翻拌均匀。

香草慕斯

10 把香草荚剖开，刮出香草籽。蛋黄加入细砂糖，用蛋抽搅拌均匀。稀奶油A和香草籽加入单柄锅中，煮沸后冲入搅拌均匀的蛋黄液中，其间用蛋抽持续搅拌，防止蛋黄结块。

11 倒回单柄锅，小火加热至82~85℃杀菌。过筛，加入泡好水的吉利丁混合物，搅拌至化开，降温至28℃左右。加入搅打至五成发的稀奶油B，用刮刀翻拌均匀。

粉淋面

12 水、细砂糖、葡萄糖浆加入单柄锅中，煮至103℃。

13 离火，加入吉利丁混合物，搅拌至化开。

14 冲入装有白巧克力和甜炼乳的盆中，用均质机均质。加入色素，均质好后用保鲜膜贴面包裹，冷藏隔夜备用。

组装与装饰

15 抹茶比斯基用直径12厘米的模具刻出形状。

16 直径12厘米的模具包上保鲜膜，内壁围上高4厘米的围边纸，围边纸上薄薄地喷一层酒精，使其与模具贴得更牢。填入175克芭乐慕斯，表面修平整，冷冻凝固。

17 将步骤16的慕斯取出，填入55克树莓啫喱，冷冻凝固。放上步骤15刻好的抹茶比斯基。

18 直径14厘米的模具包上保鲜膜，内壁围上高5厘米的围边纸，围边纸上薄薄地喷一层酒精，使其与模具贴得更牢，挤入一半香草慕斯。用弯柄抹刀将慕斯糊均匀刮上模具边。撕开步骤17的保鲜膜，脱模，撕开围边纸；抹茶比斯基朝上放在香草慕斯上，底部修平整。

19 烤盘上垫保鲜膜，放上直径10厘米的慕斯圈；粉淋面回温至32℃左右。放上步骤18的慕斯，淋上粉淋面。使用弯柄抹刀转移慕斯至蛋糕底托上。围上巧克力配件，放上草莓树莓啫喱。放上新鲜树莓装饰，点缀上粉淋面即可。

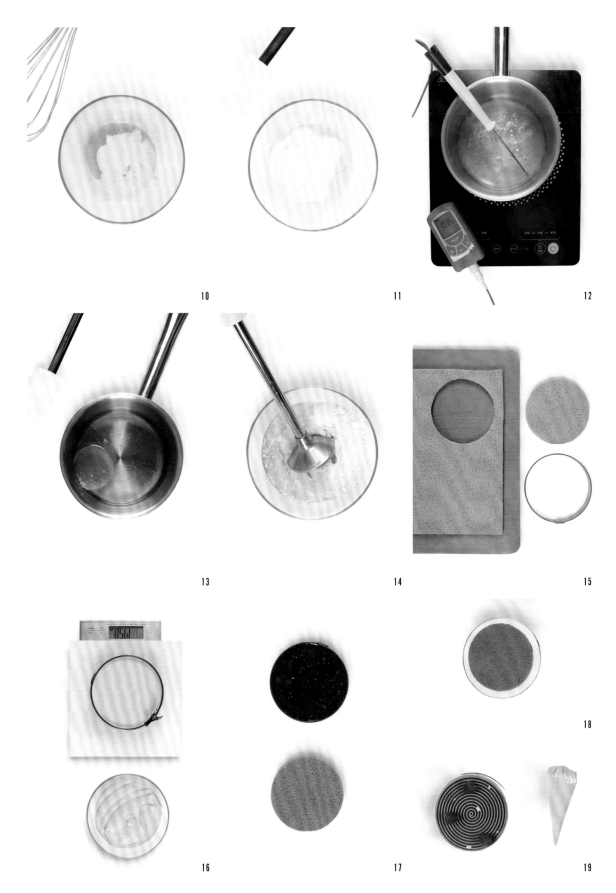

10

11

12

13

14

15

16

17

18

19

凤梨百香果

材料（可制作10个）

百香果凤梨果酱

新鲜凤梨丁　250克

香草荚　1/2根

水　75克

细砂糖A　70克

宝茸凤梨果泥　50克

宝茸百香果果泥　30克

细砂糖B　35克

325NH95果胶粉　5克

杏仁比斯基

全蛋　194克

蛋黄　70.5克

细砂糖A　114.5克

杏仁粉　189.4克

蛋清　160克

细盐　1.4克

细砂糖B　80克

王后T45法式糕点粉　58.4克

肯迪雅乳酸发酵黄油　126.4克

黄油酥粒

肯迪雅乳酸发酵黄油　50克

细砂糖　54克

海盐　0.3克

杏仁粉　54克

王后T45法式糕点粉　66克

重组酥粒

肯迪雅乳酸发酵黄油　12克

黄油酥粒　70克

薄脆　15克

青柠檬皮屑　1个量

香草椰子青柠打发甘纳许

肯迪雅稀奶油　292.5克

香草荚　1/2根

全脂牛奶　75克

青柠檬皮屑　1个

吉利丁混合物　10.5克

（或1.5克200凝结值吉利丁粉+9克泡吉利丁粉的水）

柯氏白巧克力　280.5克

宝茸椰子果泥　112.5克

装饰

柯氏白巧克力片

白色可可脂（配方见P37）

制作方法

百香果凤梨果酱

1. 把香草荚剖开，刮出香草籽。细砂糖A、香草籽和香草荚放入单柄锅中，小火熬成焦糖。新鲜凤梨去除芯的部分，果肉部分切成大小均匀的方块，分次加入单柄锅中，搅拌均匀。加入水，中火煮沸。转小火，熬至水分蒸发，凤梨果肉变软；加入凤梨果泥和百香果果泥。

2. 加热至45℃左右，将细砂糖B和325NH95果胶粉混合，搅拌均匀后倒入锅内，边倒边搅拌，中小火煮沸。取出香草荚，用勺子趁热灌入直径4厘米的半圆形硅胶模具中，灌平整，放入冰箱冻硬。

杏仁比斯基

3. 全蛋、蛋黄、细砂糖A和过筛后的杏仁粉放入打发缸中，用球桨高速搅打至颜色发白，体积膨胀。

4. 蛋清、细盐、细砂糖B放入另一个打发缸中，用球桨中速打发至中性发泡，呈坚挺的鹰钩状。加入步骤3的混合物中，用刮刀翻拌均匀。

5. 加入过筛后的糕点粉，用刮刀翻拌均匀。取一小部分面糊，加入黄油（黄油温度为45℃左右）中，用蛋抽迅速搅拌均匀。然后倒回至大部分面糊中，用刮刀翻拌均匀。

6. 倒在垫有烘焙油布的烤盘上，用弯柄抹刀抹平整。风炉180℃烤8分钟，转炉3分钟。出炉后转移至网架上，表面盖上一张油布。

黄油酥粒

7. 把黄油切成大小均匀的丁。将制作黄油酥粒的所有材料放入打发缸中，用叶桨低速搅拌均匀。将面团倒在干净的桌面上，用圆形刮板碾压面团，至面团材料混合均匀。

8. 用四方刨刨出大小均匀的颗粒，放入冰箱冻硬；风炉烤箱150℃烤20分钟。

重组酥粒

9. 黄油融化，加入黄油酥粒和青柠檬皮屑，用刮刀翻拌均匀。在直径3厘米的模具中放入4~5克，按压平整，放入冰箱冷冻。

香草椰子青柠打发甘纳许

10 全脂牛奶煮沸，加入青柠檬皮屑，盖上盖子，焖5分钟。过筛出青柠檬皮屑。

11 加入稀奶油、香草籽（把香草荚剖开，刮出香草籽），加热至80℃。加入泡好水的吉利丁混合物，搅拌至化开。冲入白巧克力中，用均质机均质。加入椰子果泥，再次用均质机均质。用保鲜膜贴面包裹，放入冰箱冷藏（4℃）至少12小时后使用。

组装与装饰

12 杏仁比斯基用直径3厘米的模具刻出形状。

13 香草椰子青柠打发甘纳许放入打发缸中，用球桨中高速打发至方便使用的质地。准备8连鸡蛋硅胶慕斯模具，将香草椰子青柠打发甘纳许灌入至模具一半高度。用弯柄抹刀将模具内壁抹上香草椰子青柠打发甘纳许。放入百香果凤梨果酱。

14 挤上少量香草椰子青柠打发甘纳许，放入杏仁比斯基。

15 挤上少量打发甘纳许，放入重组酥粒，抹平整，放入冰箱冻硬。

16 将锡箔纸揉皱。把步骤15的慕斯脱模，放在锡箔纸上，挤上打发甘纳许。包上锡箔纸，放入冰箱冻硬。

17 脱模后，用喷枪均匀喷上一层白色可可脂喷砂。

18 将慕斯放在蛋糕托上，放入冰箱冷藏解冻。最后放上白巧克力片装饰即可。

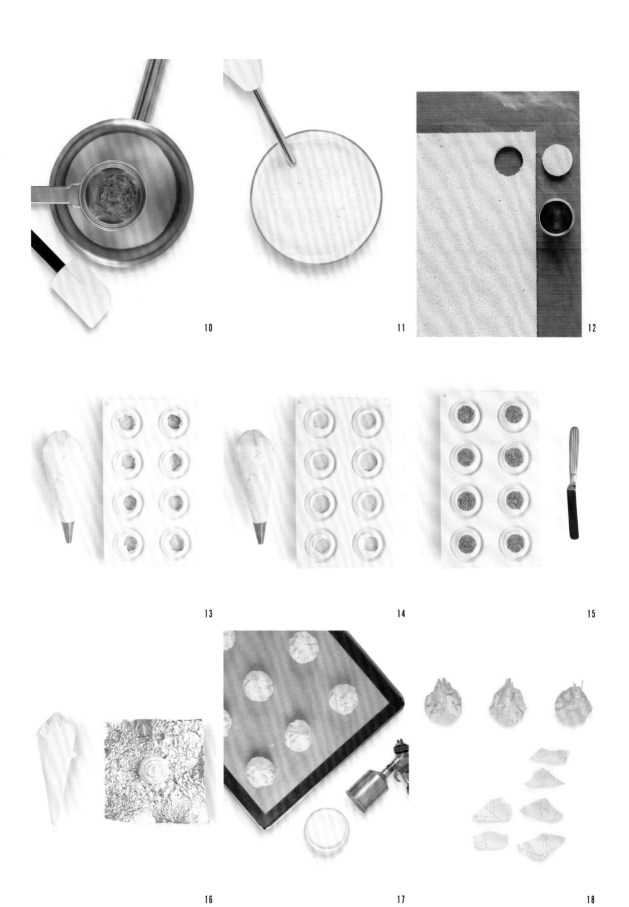

10

11

12

13

14

15

16

17

18

草莓茉莉柠檬草浮云卷

材料（可制作20个）

浮云卷蛋糕体
全脂牛奶　560克

肯迪雅乳酸发酵黄油　90克

海盐　2.6克

蛋黄　173克

细砂糖A　70克

王后T45法式糕点粉　90克

蛋清　270克

细砂糖B　100克

柠檬草浸渍草莓
草莓　800克

细砂糖　280克

海藻糖　120克

柠檬草　1/2根

鲜榨黄柠檬汁　20克

茉莉卡仕达酱
全脂牛奶　220克

茉莉花茶　10克

细砂糖A　28克

蛋黄　55克

细砂糖B　22克

玉米淀粉　22克

可可脂　13克

茉莉轻奶油
茉莉卡仕达酱（见左侧）　200克

肯迪雅稀奶油　200克

柠檬草打发甘纳许
肯迪雅稀奶油　200克

柠檬草　1根

黄柠檬皮屑　1/2个量

葡萄糖浆　12克

柯氏白巧克力　45克

装饰
白色可可脂（配方见P37）

镜面果胶（配方见P190）

草莓

胡椒木

制作方法

浮云卷蛋糕体

1. 蛋黄加入细砂糖A，打发至颜色发白，体积膨胀；加入过筛后的糕点粉，用蛋抽搅拌均匀。全脂牛奶、黄油和海盐加入单柄锅中，煮沸，冲入搅拌好的混合物中，边倒边搅拌；过筛，保持温度45℃左右，制成蛋黄糊。

2. 蛋清加入细砂糖B，中高速打发至中性发泡，呈坚挺的鹰钩状。往步骤1的蛋黄糊中加入一半打发好的蛋白霜，翻拌均匀后，加入剩余的蛋白霜，再次翻拌均匀。

3. 倒入垫有烘焙油布和蛋糕框的烤盘上，用弯柄抹刀抹平整。入平炉烤箱，上火180℃，下火160℃，烤25分钟。出炉后，震出热气，使用工具分离蛋糕体和蛋糕框，之后将蛋糕卷转移至网架上。

柠檬草浸渍草莓

4. 新鲜草莓洗净，去蒂切半，加入柠檬草、细砂糖和海藻糖拌匀；放入冰箱冷藏糖渍一个晚上。

5. 倒入单柄锅中，中火煮沸；用筛网将表面的浮沫捞出。加入鲜榨黄柠檬汁，转小火熬制成酱状，用保鲜膜贴面包裹，放入冷藏冰箱。

茉莉卡仕达酱

6. 全脂牛奶加热至80℃，加入茉莉花茶，盖上盖子焖10分钟。过滤出茉莉花茶，补齐全脂牛奶重量至220克。加入细砂糖A，煮沸。

7. 细砂糖B加入玉米淀粉，用蛋抽搅拌均匀；加入蛋黄，再次搅拌均匀。把步骤6的液体冲入，边倒边搅拌。将混合物倒回单柄锅中，熬煮至浓稠冒大泡，其间使用蛋抽不停地搅拌。离火，加入可可脂，搅拌均匀后用保鲜膜贴面包裹，放入冰箱冷藏（4℃）。

柠檬草打发甘纳许

8. 稀奶油煮沸，加入切段的柠檬草和黄柠檬皮屑，焖15分钟。过筛出柠檬草和黄柠檬皮屑，补齐稀奶油重量至200克，加入葡萄糖浆煮沸。

9. 冲入白巧克力中，均质后用保鲜膜贴面包裹，放入冰箱冷藏（4℃）8小时。

茉莉轻奶油

10 稀奶油搅打至九成发。茉莉卡仕达酱用蛋抽搅拌顺滑；将打发好的稀奶油加入茉莉卡仕达酱中，搅拌均匀。

组装与装饰

11 柠檬草浸渍草莓装入裱花袋中；茉莉轻奶油装入裱花袋中；浮云卷蛋糕体切成长26.5厘米、宽16.5厘米，长边使用锯齿刀斜切。

12 切好的蛋糕卷放在油纸上；取适量茉莉轻奶油，抹平整。在蛋糕卷的1/3处裱挤上45克柠檬草浸渍草莓。

13 用85克茉莉轻奶油固定住柠檬草浸渍草莓，并用弯柄抹刀抹均匀。

14 擀面杖放在油纸下面，将多余的油纸卷在擀面杖上。提起擀面杖，轻压蛋糕卷，使蛋糕卷贴紧夹馅。

15 继续提起擀面杖，往前卷，用擀面杖卷紧蛋糕卷，将蛋糕卷放在烤盘上，放入冰箱冷藏（4℃）1小时定形。将蛋糕卷边缘去掉，用锯齿刀垂直切配成宽5厘米的小段。切好的蛋糕卷放在烤盘上，放入冰箱冷冻1小时；将白色可可脂均匀喷砂（保持30~35℃）在蛋糕卷表面。

16 柠檬草打发甘纳许搅打至八成发，装入带有直径1.8厘米裱花嘴的裱花袋中；草莓洗净切片；胡椒木洗净。

17 在蛋糕卷上先挤入柠檬草打发甘纳许，再挤入柠檬草浸渍草莓。

18 放上刷有一层镜面果胶的新鲜草莓片，放上胡椒木装饰即可。

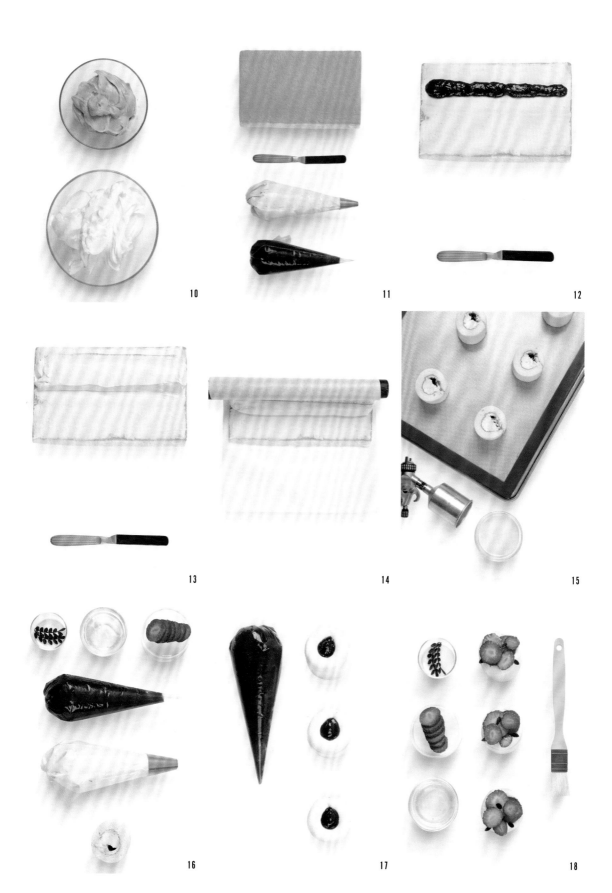

10

11

12

13

14

15

16

17

18

红浆果帕芙诺娃

材料（可制作8个）

蛋白糖
蛋清　100克
细砂糖　180克
柠檬酸　1克
海盐　1克

红浆果果酱
草莓　600克
树莓　250克
细砂糖　350克
海藻糖　100克
鲜榨黄柠檬汁　30克

柑曼怡香缇奶油
肯迪雅稀奶油　600克
马斯卡彭奶酪　40克
酸奶　30克
细砂糖　36克
柑曼怡酒　15克

装饰
草莓
桑葚
蓝莓
树莓
紫苏叶

制作方法　　蛋白糖

1　将制作蛋白糖的所有材料放入打发缸中，隔水加热至45~55℃。高速打发至中性发泡，呈坚挺的鹰钩状。将其中一部分装入裱花袋，用剪刀斜剪。
2　烤盘铺上烤盘油布，直径10厘米的模具蘸上糖粉，在油布上做出印记。依照印记裱挤蛋白霜。
3　另取一份蛋白霜，倒入装有直径1厘米裱花嘴的裱花袋中，在步骤2的中间空白处裱挤蛋白霜。放入风炉烤箱，80℃烤3小时。

红浆果果酱

4　新鲜草莓洗净去蒂，对半切开。草莓、树莓、细砂糖和海藻糖放入容器中拌匀，放入冷藏冰箱，糖渍一晚。倒入单柄锅中，煮沸，撇去浮沫。
5　加入柠檬汁，小火熬至浓稠，用保鲜膜贴面包裹，放入冰箱冷藏（4℃）。

柑曼怡香缇奶油

6　将制作柑曼怡香缇奶油的所有材料放入打发缸中，搅打至九成发。

组装与装饰

7　将步骤3烤好的蛋白糖取出，准备好装饰材料。在蛋白糖的圆圈部分填入红浆果果酱。
8　填入柑曼怡香缇奶油。
9　摆上新鲜草莓、树莓、蓝莓、桑葚和紫苏叶装饰即可。

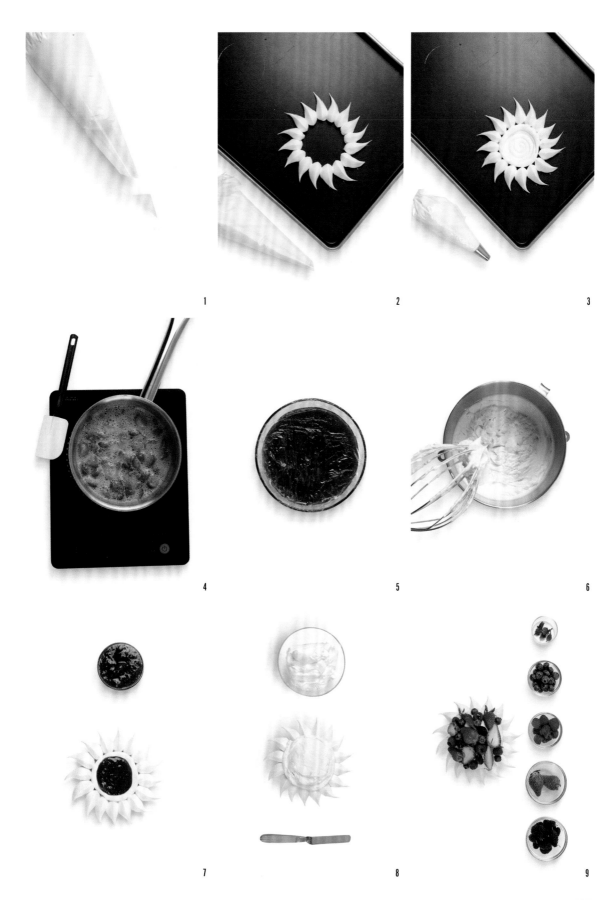

分享型慕斯

香梨桂花

材料（可制作3个直径14厘米、高4.5厘米的成品）

杏仁沙布列
配方见P190

重组沙布列
杏仁沙布列（见上方） 157.9克
60%榛子帕林内 21.1克
柯氏白巧克力 42.1克
可可脂 8.8克
盐之花 0.2克

桂花松软比斯基
糖粉 318.8克
杏仁粉 318.8克
桂花粉 10.6克
玉米淀粉 26.6克
蛋清A 79.7克
全蛋 318.8克
肯迪雅乳酸发酵黄油 186克
蛋清B 100克
细砂糖 39.8克

威廉姆酒渍梨子
配方见P48

梨子果酱
配方见P48

桂花芭芭露奶油霜
全脂牛奶 237.5克
蛋黄 54克
细砂糖 46.5克
吉利丁混合物 52.5克
（或7.5克200凝结值吉利丁粉+45
克泡吉利丁粉的水）
桂花 9克
肯迪雅稀奶油 335.5克

梨子淋面
宝茸梨子果泥 65克
无糖梨子果汁 390克
全脂牛奶 26克
水 143克
葡萄糖浆 143克
NH果胶粉 13克
细砂糖 143克
吉利丁混合物 28克
（或4克200凝结值吉利丁粉+24
克泡吉利丁粉的水）
黄色水溶色粉 少许

装饰
黄白色巧克力圈
梨子形状的巧克力配件

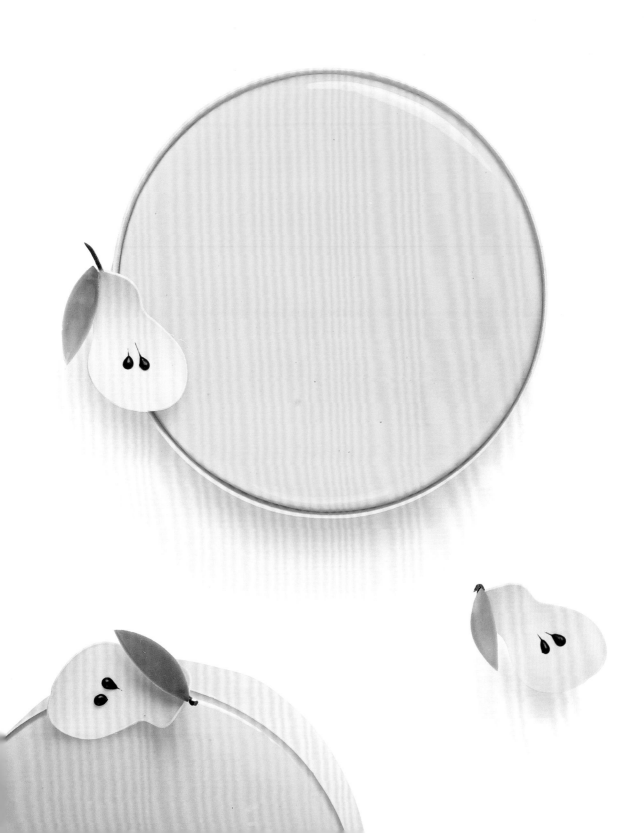

制作方法

桂花松软比斯基

1 在破壁机的缸中倒入蛋清A、全蛋、玉米淀粉、桂花粉、杏仁粉和糖粉，搅打至均匀无颗粒。

2 在厨师机的缸中加入蛋清B和细砂糖，用球桨中速打发成软质地的蛋白糖状态。

3 将融化至50℃的黄油倒入步骤1的缸中，再次搅打均匀后倒入盆中，分次加入步骤2搅打好的蛋白糖，混合搅拌均匀。

4 倒在放有烘焙油布的烤盘内，用弯抹刀抹平整后放入烤箱。

5 170℃烤约15分钟，烤好后盖上一张烘焙油布并翻转放在网架上。

重组沙布列

6 融化白巧克力和可可脂，加入60%榛子帕林内，用软刮刀搅拌均匀后倒入厨师机的缸中，再加入烤好的杏仁沙布列和盐之花，用叶桨慢速搅拌至所有干性材料被包裹。在直径12厘米的圆形模具中放入75克，压平整，放入冰箱冷冻备用。

桂花芭芭露奶油霜

7 厨师机的缸中放入稀奶油，用球桨打发成慕斯状后放入冰箱冷藏（4℃）备用。

8 在单柄锅中倒入全脂牛奶，加热至沸腾后加入桂花，静置4分钟后取237.5克，加入蛋黄和细砂糖。煮成英式奶酱（温度83~85℃），加入泡好水的吉利丁混合物，用手持均质机将混合物均质至细腻无颗粒后降温至28~30℃。

9 加入一半的步骤7的打发稀奶油，用球桨搅拌均匀，盛入盆中，加入步骤7剩下的打发稀奶油，用软刮刀拌匀。

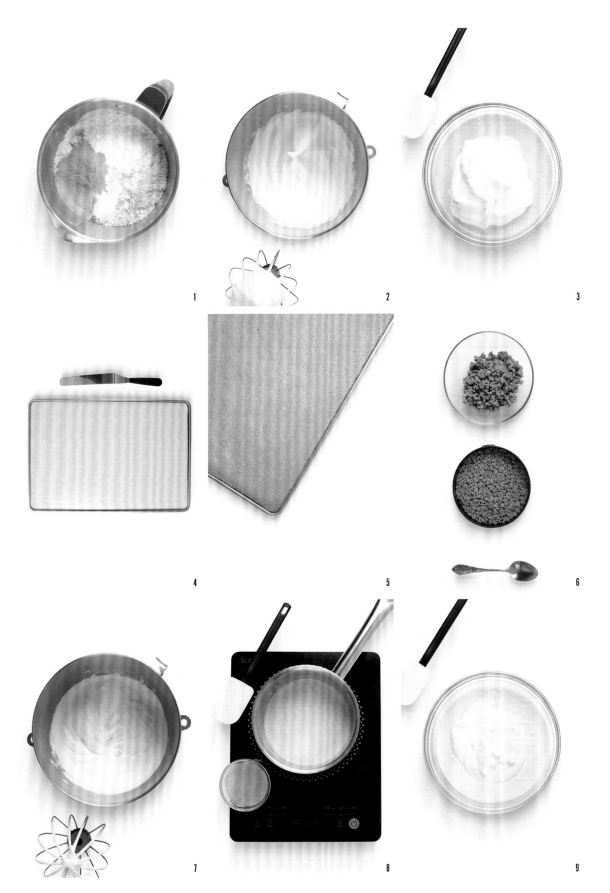

梨子淋面

10 在单柄锅中倒入无糖梨子果汁、梨子果泥、葡萄糖浆、水和全脂牛奶，加热至35~40℃，离火，加入过筛后的NH果胶粉和细砂糖，加热至沸腾。加入泡好水的吉利丁混合物，搅拌至化开。

11 加入少许黄色水溶色粉，使用手持均质机搅打。过筛倒入盆中，用保鲜膜贴面包裹，放入冰箱冷藏（4℃）至少12小时。使用时，需将淋面融化至26~28℃，并将其使用在-18℃的产品表面。

组装与装饰

12 切割出两片直径12厘米的圆形桂花松软比斯基；将威廉姆酒渍梨子滤水备用；将梨子果酱均质，加入威廉姆啤梨酒后再次均质并放入裱花袋中；准备一片重组沙布列。

13 在直径12厘米的慕斯圈中放入一片圆形桂花松软比斯基，比斯基表面加入100克梨子果酱，用勺子放入滤水后的威廉姆酒渍梨子。

14 小心地放上第二片圆形比斯基，然后将此夹心部分放入-38℃的环境中冷冻。

15 准备一个直径14厘米、高4.5厘米的圆形慕斯圈，在底部平整地包裹保鲜膜。在模具中倒入150克桂花芭芭露奶油霜，将步骤14冻好的夹心取出脱模后放入中间。再次加入桂花芭芭露奶油霜，覆盖住夹心并抹平整。

16 在表面放上重组沙布列，放入急速冷冻机中。

17 将冻好后的慕斯取出，脱模后放入冰箱冷冻保存。把淋面融化至26~28℃，将其淋在慕斯表面，再借助弯抹刀抹去多余的部分。

18 放上黄白色巧克力圈和梨子形状的巧克力配件即可。

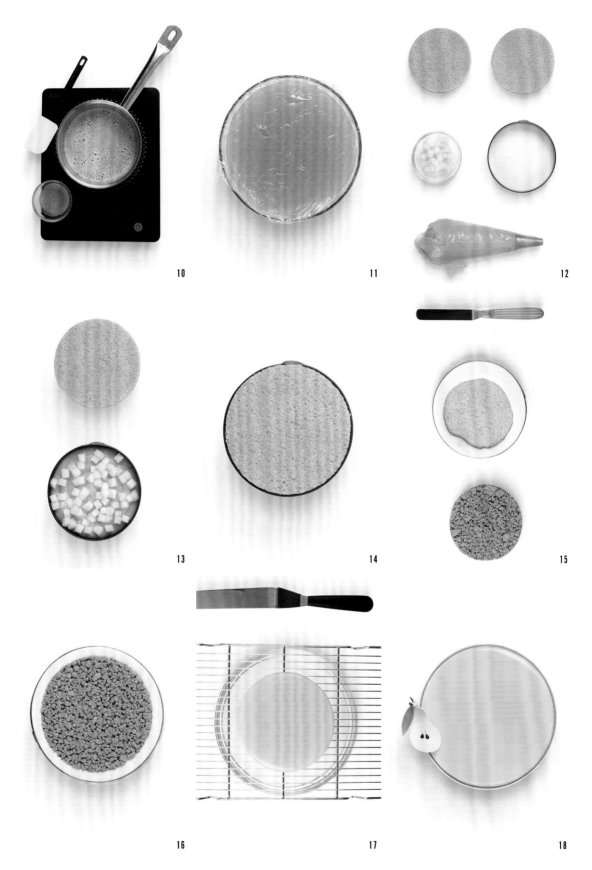

10   11   12

13   14   15

16   17   18

黑森林

材料（可制作3个直径14厘米的成品）

车厘子可可比斯基

蛋黄　200克

转化糖浆　60克

蛋清　300克

细砂糖　200克

王后T55传统法式面包粉　80克

玉米淀粉　80克

可可粉　80克

酒渍车厘子　250克

车厘子酒糖水

水　100克

细砂糖　50克

车厘子酒　100克

咸车厘子果糊

肯迪雅乳酸发酵黄油　12.5克

冷冻车厘子　492.5克

黄糖　20克

NH果胶粉　1.5克

三仙胶　1克

盐之花　1.5克

香草荚　1根

车厘子酒　45克

生姜糖　0.5克

黄柠檬皮屑　2克

鲜榨柠檬汁　7.5克

车厘子果酱

宝茸车厘子果泥　360克

细砂糖　22克

NH果胶粉　5.5克

车厘子酒香草慕斯

肯迪雅稀奶油A　125克

香草荚　1根

吉利丁混合物　84克

（或12克200凝结值吉利丁粉+

72克泡吉利丁粉的水）

细砂糖　110克

蛋清　115克

肯迪雅稀奶油B　550克

车厘子酒　65克

黑巧克力慕斯

全脂牛奶　113克

肯迪雅稀奶油A　125克

葡萄糖浆A　120克

柯氏55%黑巧克力　353克

吉利丁混合物　24克

（或2克200凝结值吉利丁粉+

12克泡吉利丁粉的水）

葡萄糖浆B　75克

蛋清　48克

肯迪雅稀奶油B　325克

夹心

柯氏60%巧克力碎　120克

装饰

黑色镜面淋面（配方见P36）

巧克力装饰配件

制作方法

车厘子可可比斯基

1 在厨师机的缸中放入蛋黄和转化糖浆，用球桨打发成慕斯状。在另一个厨师机的缸中放入蛋清和细砂糖，用球桨打发成鹰嘴状。将打发蛋黄和打发蛋白混合，用软刮刀轻轻搅拌。

2 分次加入过筛的面包粉、玉米淀粉和可可粉。

3 搅拌均匀后倒入放有烘焙油布的烤盘上，用弯抹刀抹平整。

4 放入滤过水并切块的酒渍车厘子。

5 放入风炉，190℃烤7~8分钟。烤好后盖上烘焙油布，翻转放在网架上。

黑巧克力慕斯

6 稀奶油B放入厨师机的缸中，用球桨打发成慕斯状后放入冰箱冷藏（4℃）备用。在另一个厨师机的缸中倒入蛋清和葡萄糖浆B，用球桨打发备用。

7 在单柄锅中倒入全脂牛奶、稀奶油A和葡萄糖浆A，一起加热至50℃，加入泡好水的吉利丁混合物，搅拌至化开。

8 将步骤7的混合物倒在巧克力上，用均质机均质乳化细腻后放入盆中，坐冷水将温度降至33~34℃。

9 加入步骤6的打发蛋清搅拌均匀。加入一半步骤6的打发稀奶油B，用蛋抽搅拌均匀。

10 加入步骤6剩下的打发稀奶油B，用软刮刀搅拌均匀，马上使用。

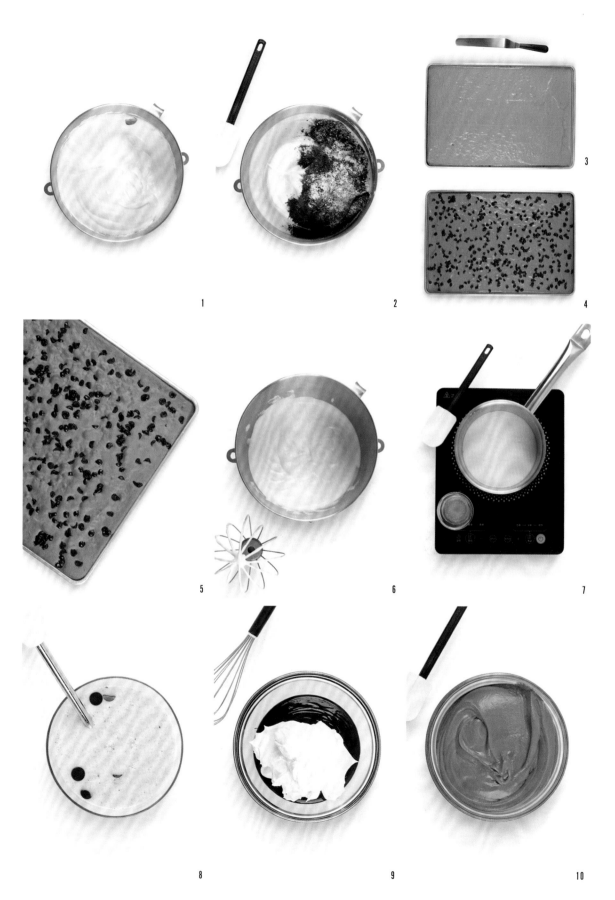

车厘子酒糖水

11 在单柄锅中放入水和细砂糖，加热至沸腾后放入冰箱冷藏（4℃）。糖水冷却后倒入车厘子酒，搅拌均匀后用保鲜膜包裹，再次放入冰箱冷藏备用。

咸车厘子果糊

12 在单柄锅中放入车厘子、黄油和香草荚，慢慢加热后加入过筛后的黄糖、NH果胶粉和三仙胶的混合物，然后加热至沸腾。加入盐之花、车厘子酒、生姜糖、黄柠檬皮屑和鲜榨柠檬汁，再次加热至沸腾。用均质机稍稍均质，趁热往直径10厘米的硅胶模具中倒入80克，放入急速冷冻机中1小时后转入冰箱冷冻保存备用。

车厘子果酱

13 在单柄锅中倒入车厘子果泥，加热至35~40℃后加入过筛后的细砂糖和NH果胶粉的混合物，加热至沸腾。倒入盆中，用保鲜膜贴面包裹，放入冰箱冷藏（4℃）2~3小时。

车厘子香草慕斯

14 在厨师机的缸中倒入蛋清和细砂糖，隔水加热至55~60℃，用球桨中速打发至温度降至30℃。

15 稀奶油B放入厨师机的缸中，打发成慕斯状，放入冰箱冷藏（4℃）备用。

16 在单柄锅中放入稀奶油A和香草荚，加热至50℃，加入泡好水的吉利丁混合物，搅拌至化开。

17 将步骤16的混合物过筛，在30℃时加入步骤14的打发蛋清，用蛋抽搅拌均匀。

18 加入车厘子酒搅拌均匀。

19 先加入一半步骤15的打发稀奶油B，用蛋抽搅拌均匀后加入步骤15剩下的打发稀奶油B，用软刮刀搅拌，马上使用。

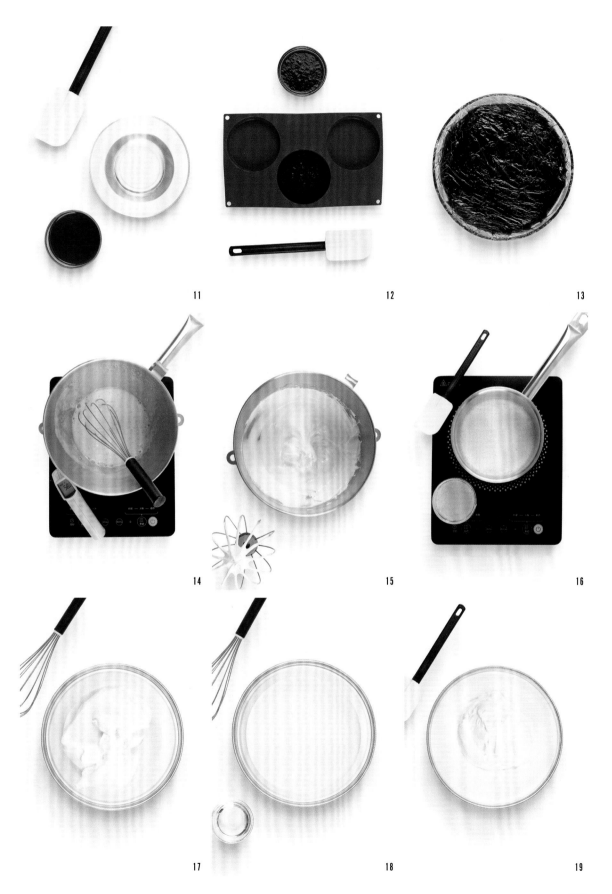

11

12

13

14

15

16

17

18

19

夹心组装

20 将车厘子果酱用蛋抽搅打成细腻的奶油质地，放入装有直径6毫米裱花嘴的裱花袋中；在直径12厘米的慕斯圈中，放入高4.5厘米的慕斯围边，然后放入一片车厘子可可比斯基；借助毛刷将车厘子酒糖水刷在车厘子可可比斯基上。

21 挤入60克车厘子果酱，放入-38℃的急速冷冻机中冷冻约10分钟。

22 借助裱花袋在冻好的车厘子果酱上挤入40克车厘子酒香草慕斯。

23 放上40克黑巧克力碎，再次挤入40克车厘子酒香草慕斯。

24 借助弯抹刀将冻好的咸车厘子果糊抹好。

25 再次挤入车厘子酒香草慕斯，抹平后冷冻，备用。

整款组装

26 将直径14厘米的圆形慕斯圈的底部用保鲜膜贴面包裹，放入高5厘米的慕斯围边。在裱花袋中放黑巧克力慕斯，在模具中挤入200克，用小弯抹刀将慕斯挂到慕斯围边上。

27 放入步骤25冷冻好的夹心部分，用手按压挤出多余的空气部分。补上黑巧克力慕斯，用弯抹刀抹平整，先放入-38℃的急速冷冻机内冷冻2小时，后转入-18℃的环境中冷冻保存。

装饰

28 将黑色镜面淋面加热至30~32℃（建议使用微波炉慢慢加热）。将淋面均匀地倒在步骤27的冷冻慕斯表面。

29 用弯抹刀去除多余的部分后将其放在蛋糕托上，放入冰箱冷藏1~2小时。从冰箱取出后放上巧克力装饰即可。

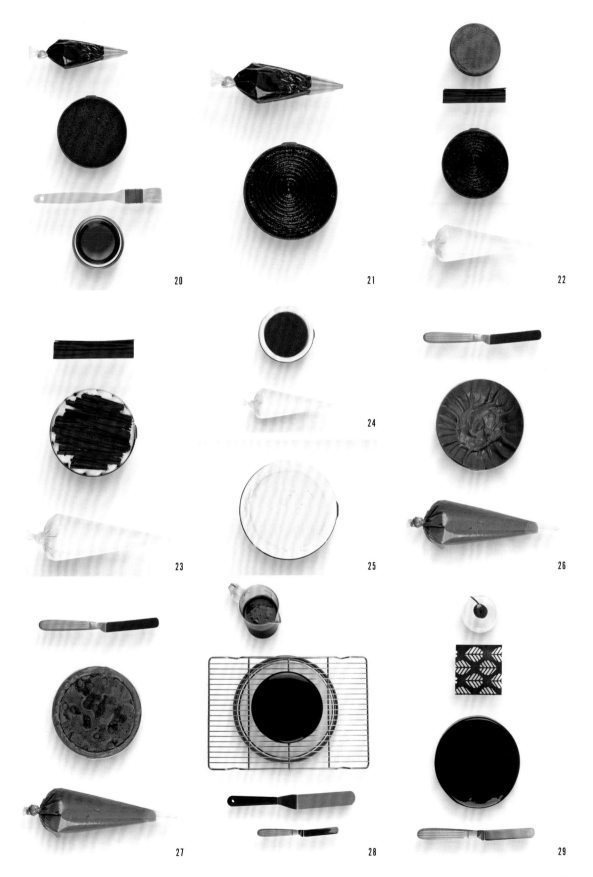

20   21   22

23   24   25   26

27   28   29

苹果栗子

材料（可制作3个直径12厘米的成品）

栗子比斯基
配方见P42

栗子沙布列
肯迪雅乳酸发酵黄油　81克

栗子粉　56克

黄糖　41克

薄脆　37.5克

栗子奶油霜
全脂牛奶　68.8克

宝茸栗子果泥　237.5克

蛋黄　50克

玉米淀粉　6.3克

肯迪雅乳酸发酵黄油　16.5克

法国马龙传奇苹果白兰地　18.8克

栗子芭芭露奶油
肯迪雅稀奶油A　60克

蛋黄　30克

细砂糖　48克

宝茸栗子果泥　180克

吉利丁混合物　42克

（或6克200凝结值吉利丁粉+36

克泡吉利丁粉的水）

肯迪雅稀奶油B　120克

栗子奶油
法式栗子泥　166克

法式栗子馅　166克

法式栗子抹酱　111克

肯迪雅乳酸发酵黄油　44克

法国马龙传奇苹果白兰地　11克

酒渍苹果
红苹果　400克

法国沃迪安贝桐苹果酒　500克

苹果酒装饰啫喱
酒渍苹果的过滤液　250克

细砂糖　25克

植物吉利丁粉　11克

装饰
镜面果胶（配方见P190）

薄荷叶

泡了柠檬汁的苹果片

制作方法

栗子沙布列

1 将黄油和黄糖放入厨师机的缸中，用叶桨搅拌成奶油质地。先加入栗子粉搅拌均匀，然后加入薄脆再次搅拌均匀。

2 将面团放在两张烘焙油布之间压成3毫米厚，放入冰箱冷藏（4℃）1小时。

3 取出切割成直径12厘米的圆形。

4 将切割好的圆形放入直径12厘米、高3厘米的模具中，放入风炉，150℃烤12~15分钟后保存备用。

栗子奶油霜

5 在单柄锅中倒入栗子果泥和全脂牛奶，加热至沸腾，将一半倒入盛有玉米淀粉和蛋黄的容器中，搅拌均匀后倒回锅中，回煮至液体沸腾。

6 加入冷的黄油块，搅拌均匀。

7 放入苹果酒，搅拌均匀后马上使用。

栗子芭芭露奶油

8 将稀奶油B倒入厨师机中，打发成慕斯状后放入冰箱冷藏备用。

9 在单柄锅中倒入稀奶油A、栗子果泥、蛋黄和细砂糖，加热成英式奶酱的状态（温度83~85℃）。加入泡好水的吉利丁混合物，均质乳化至无颗粒。

10 放入盆中，坐冰水降温至28~30℃。加入一半的步骤8的打发稀奶油B，用蛋抽搅拌均匀后，倒入步骤8剩下的打发稀奶油B，用软刮刀搅拌均匀，马上使用。

小贴士

步骤中的原材料都保持在常温，这样能够搅打得更细腻无颗粒。

栗子奶油

11 在破壁机的缸中放入法式栗子泥、法式栗子馅和法式栗子抹酱，搅打至细腻无颗粒。加入黄油后再次搅打至无颗粒。加入苹果白兰地，再次搅打至无颗粒。

12 过筛，用软刮刀搅拌均匀，放入装有蒙布朗裱花嘴的裱花袋中，马上使用。

酒渍苹果

13 将苹果削皮后切成1厘米见方的小丁，放入塑封袋中。倒入苹果酒，将塑封袋封口后整个放入风炉中，90℃烤约2小时后放入冰箱冷藏（4℃）至少12小时。

14 将苹果过滤，放入直径12厘米的慕斯圈中，然后放入-38℃的急速冷冻机中备用。过滤出来的液体放冰箱冷藏备用。

苹果酒装饰啫喱

小贴士
一定不要忘记用勺子撇去浮沫，这样做出来的装饰啫喱的透明度更高。

15 在单柄锅中放入250克步骤14过滤出的液体，加入植物吉利丁粉和细砂糖的混合物，搅拌均匀后加热至沸腾，用勺子撇去浮沫。

16 倒入直径14厘米的底部包有保鲜膜的慕斯圈中，放入冰箱冷藏（4℃）1小时后切割使用。

组装与装饰

17 取出步骤4放有栗子沙布列的直径12厘米的模具，在上面挤入30克栗子奶油霜。

18 放上一层栗子比斯基。

19 挤入90克栗子奶油霜，放入-38℃的急速冷冻机中。

20 挤入栗子芭芭露奶油，直至与模具高度齐平，放入-38℃的急速冷冻机中。冻住后脱模，放在-18℃的环境中冷冻备用。

21 借助小抹刀将栗子奶油霜抹在脱模的蛋糕周围。借助装有蒙布朗裱花嘴的裱花袋将栗子奶油由上往下挂边挤出纹路。

22 在表面放上酒渍苹果后放入冰箱冷冻。将镜面果胶融化至50℃，用喷砂机将其喷在表面后放入冰箱冷藏。

23 放上薄荷叶和泡了柠檬汁的苹果片。

24 最后放上一片切割成直径12厘米的圆形苹果酒装饰啫喱即可。

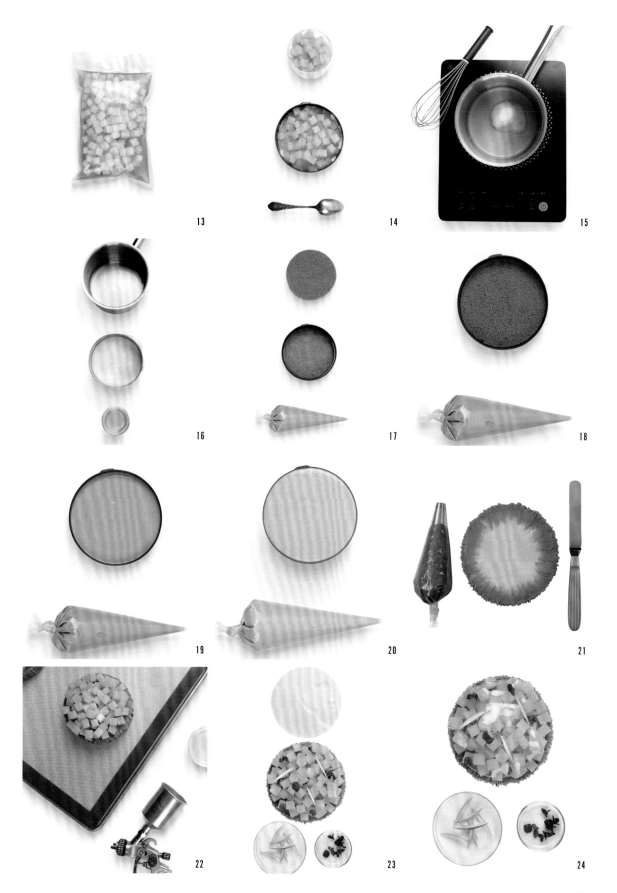

13

14

15

16

17

18

19

20

21

22

23

24

橘子蒙布朗

材料（可制作3个直径12厘米、高4厘米的成品）

柑橘法式蛋白糖

蛋清　75克

佛手柑皮屑　1.5克

橙子皮屑　0.5克

青柠檬皮屑　0.5克

糖粉　75克

玉米淀粉　3.5克

细砂糖　75克

盐之花　0.45克

香草手指比斯基

蛋黄　134克

细砂糖A　27克

右旋葡萄糖粉　27克

蛋清　200克

细砂糖B　120克

玉米淀粉　83克

王后T55传统法式面包粉　83克

香草粉　适量

香草糖水

配方见P182

橘子果糊

橘子　200克

橙子　100克

细砂糖　100克

宝茸橘子果泥　100克

细盐　2克

水　少量

香草马斯卡彭奶油

肯迪雅稀奶油　600克

细砂糖　60克

吉利丁混合物　37.1克

（或5.3克200凝结值吉利丁粉+

31.8克泡吉利丁粉的水）

香草荚　2根

马斯卡彭奶酪　100克

栗子奶油

栗子馅　100克

栗子抹酱　75克

栗子泥　100克

朗姆酒　9克

肯迪雅乳酸发酵黄油　40克

装饰

镜面果胶（配方见P190）

白色可可脂（配方见P37）

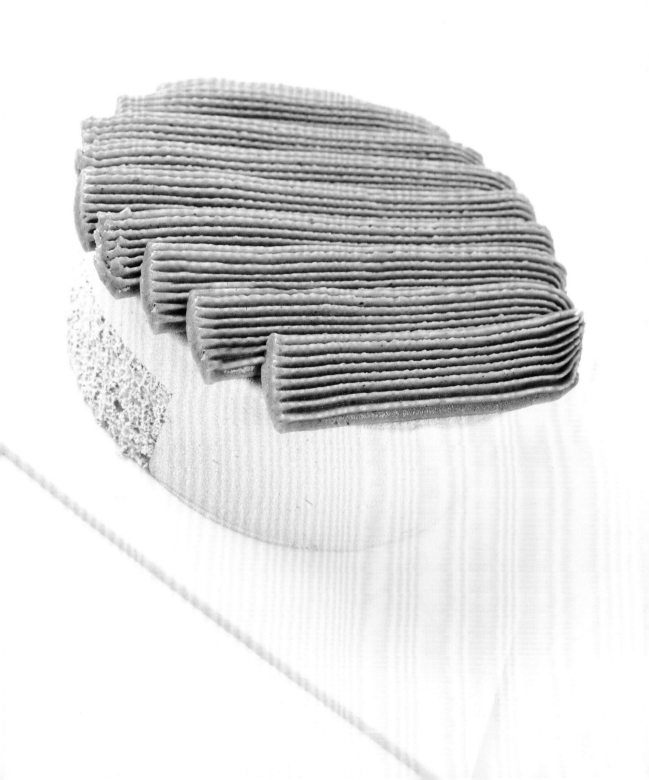

制作方法

柑橘法式蛋白糖

1. 将蛋清、细砂糖和盐之花倒入厨师机的缸中，用球桨中速打发成软尖勾状态。
2. 慢慢加入过筛的糖粉和玉米淀粉，并用软刮刀搅拌均匀。拌入佛手柑皮屑、橙子皮屑和青柠檬皮屑，放入装有直径8毫米圆形裱花嘴的裱花袋中。
3. 在烤盘上放烘焙油布，将蛋白糖挤成直径10厘米的圆，放入风炉，100℃烤约2小时。

香草手指比斯基

4. 在厨师机的缸中放入蛋黄、细砂糖A和右旋葡萄糖粉，用球桨打发成慕斯状。在另一个厨师机的缸中放入细砂糖B和蛋清，用球桨打发成鹰嘴状。将打发蛋白和打发蛋黄用软刮刀轻轻搅拌均匀。
5. 慢慢加入过筛的玉米淀粉和面包粉，搅拌均匀。
6. 在烘焙油布上喷脱模剂，撒上香草粉。
7. 倒入步骤5的面糊，抹平后约5毫米厚，放入风炉，190℃烤5~6分钟。烤好后盖上烘焙油布，翻转放在网架上。

香草马斯卡彭奶油

8. 在单柄锅中放入稀奶油、香草荚和细砂糖，加热至50℃，加入泡好水的吉利丁混合物，搅拌直至化开。
9. 加入马斯卡彭奶酪，用均质机均质细腻。
10. 过筛倒入盆中，用保鲜膜贴面包裹，放入冰箱冷藏（4℃）12小时备用。使用前将凉的马斯卡彭奶油倒入厨师机的缸中，用球桨打发成需要的质地。

栗子奶油

11. 破壁机中倒入栗子馅、栗子抹酱和栗子泥，搅打细腻后加入黄油，再次搅打。加入朗姆酒后再次搅打细腻。将混合物过筛，用软刮刀搅拌均匀后倒入装有裱花嘴的裱花袋中。

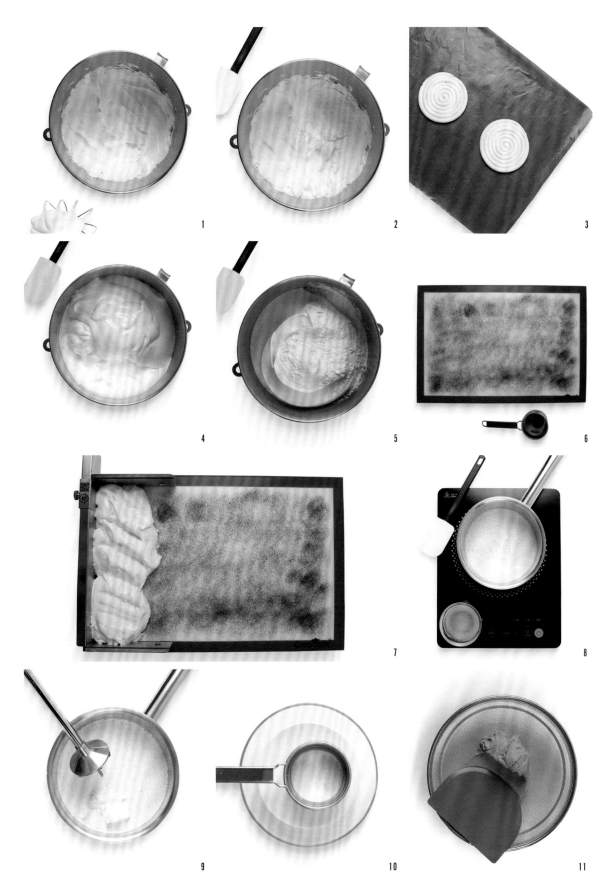

橘子果糊

12 在单柄锅中倒入冷水和细盐，倒入切成方块的橙子和橘子。

13 小火煮15分钟后滤掉水分。

14 滤去水的部分放入小的单柄锅中，加入橘子果泥和细砂糖，小火慢煮成糖渍状态后放入盆中，用保鲜膜贴面包裹，放入冰箱冷藏（4℃）2小时后使用。

夹心组装

15 准备两片香草手指比斯基，将其中一片用毛刷蘸上糖水，挤入40克橘子果糊并用小抹刀抹平。

16 放上第二片香草手指比斯基，同样用毛刷蘸上糖水，放入冰箱冷冻30分钟。

整款组装

17 准备两个直径12厘米的慕斯圈，放入一个高4厘米的慕斯围边，将香草手指比斯基切割成宽4厘米、长16厘米的长条，贴在慕斯围边上；放入烤好的蛋白糖。

18 挤入马斯卡彭奶油，用小抹刀将奶油推至周边。

19 放入步骤16冷冻好的夹心。

20 再次补上马斯卡彭奶油，用抹刀抹平整后冷冻1小时。

装饰

21 白色可可脂调温至27~28℃，用喷砂机喷在产品表面。

22 挤上栗子奶油后放入−18℃的环境中冷冻20分钟。

23 取出用喷砂机喷上加热至50℃的镜面果胶即可。

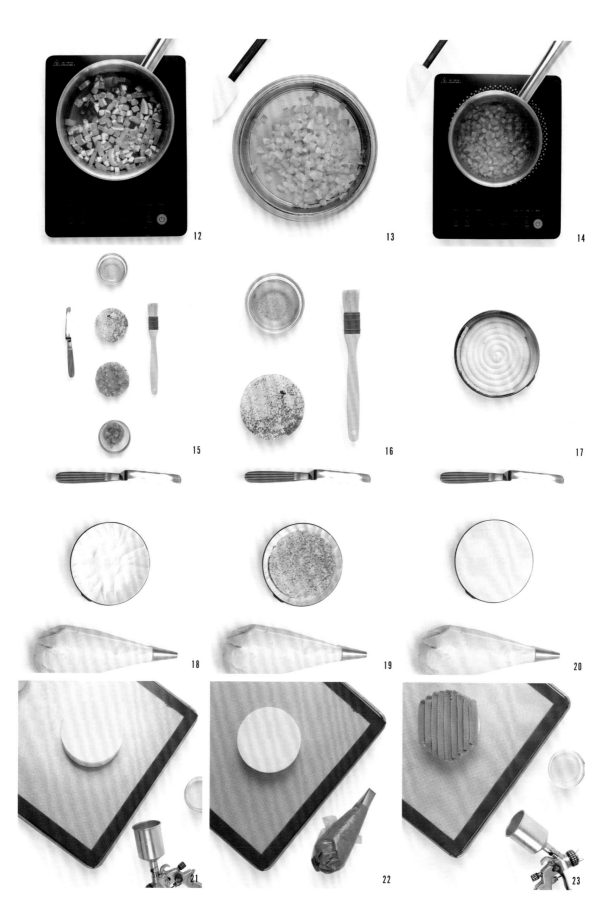

咖啡小豆蔻歌剧院

材料（可制作3个边长12厘米的正方形成品）

咖啡杏仁乔孔达比斯基

全蛋　333克

杏仁粉　252克

细砂糖A　253克

王后T55传统法式面包粉　66克

肯迪雅乳酸发酵黄油　54克

蛋清　220克

细砂糖B　34克

速溶咖啡　10克

浓咖啡小豆蔻糖水

水A　170克

细砂糖　135克

水B　170克

现磨咖啡豆　35克

小豆蔻　5克

速溶咖啡　5克

黑巧克力甘纳许

肯迪雅稀奶油　150克

柯氏55%黑巧克力　180克

肯迪雅乳酸发酵黄油　25克

咖啡黄油奶油

细砂糖　200克

水A　100克

蛋黄　75克

肯迪雅乳酸发酵黄油　250克

速溶咖啡　5克

水B　10克

装饰

镜面果胶（配方见P190）

巧克力配件

制作方法

咖啡杏仁乔孔达比斯基

1. 在厨师机的缸中放入蛋清和细砂糖B，用球桨打发成比较软质地的蛋白糖。
2. 在另一个厨师机的缸中放入全蛋、杏仁粉、细砂糖A和速溶咖啡，用球桨打发至飘带状（此步骤耗时比较久）。
3. 加入过筛的面包粉，搅拌均匀。
4. 加入融化至50~55℃的黄油。
5. 分次慢慢加入步骤1的打发蛋白，用软刮刀搅拌均匀，制成蛋糕面糊。
6. 在放有烘焙油纸的烤盘上倒入600克步骤5的蛋糕面糊，用弯抹刀抹平整后放入风炉，230℃烤4~5分钟。
7. 出炉后盖上一张烘焙油纸，翻转放在网架上。

咖啡黄油奶油

小贴士
咖啡黄油奶油也可以做好直接使用，但是冷藏过后风味更好。

8. 将蛋黄放入厨师机的缸中，用球桨打发，注入少量空气。
9. 在单柄锅中放入水A和细砂糖。
10. 加热至120℃后倒入步骤8正在慢慢搅拌的打发蛋黄中，持续搅拌至温度降至20~22℃。
11. 倒入软化的黄油，开机搅打至乳化。
12. 将速溶咖啡和水B混合搅拌均匀后加入缸中，搅拌均匀后放入盆中，用保鲜膜贴面包裹，放入冰箱冷藏（4℃）至少12小时。

黑巧克力甘纳许

13 将稀奶油和黄油放入单柄锅中，加热至80℃，倒在黑巧克力上均质乳化细腻。倒入盆中，用保鲜膜贴面包裹，常温保存，使用前需要升温至30℃。

小贴士
为了防止咖啡豆的苦味太浓，应避免将混有咖啡豆或速溶咖啡的水加热至沸腾。

浓咖啡小豆蔻糖水

14 在单柄锅中倒入水B，加热至沸腾后倒入提前在裱花袋中敲碎的咖啡豆和小豆蔻，搅拌后静置20分钟，过筛称出所需要的用量。

15 另一个单柄锅中放入水A和细砂糖，加热至沸腾后放入速溶咖啡，搅拌至化开。与步骤14的材料混合，搅拌均匀后放入盆中，用保鲜膜包裹，放入冰箱冷藏（4℃）至少3小时。

组装与装饰

16 将咖啡黄油奶油打发成慕斯状备用；将咖啡杏仁乔孔达比斯基切割成3片长37厘米、宽27厘米的蛋糕坯；黑巧克力甘纳许加热至30℃。

17 在第一层蛋糕坯上用毛刷蘸上150克浓咖啡小豆蔻糖水。

18 然后放上190克咖啡黄油奶油，用弯抹刀抹平。

19 放上第二片蛋糕坯，稍稍压一下，用毛刷蘸上150克浓咖啡小豆蔻糖水，然后淋上200克30℃的黑巧克力甘纳许。

20 放上最后一片蛋糕坯，再次轻轻压实，用毛刷蘸上150克浓咖啡小豆蔻糖水，最后放入剩下的咖啡黄油奶油抹平，放入冰箱冷藏（4℃）12小时。

21 从冰箱中取出，切割成宽2.5厘米的长条。

22 将5个长条切面朝上水平贴着放好，然后切割出边长12.5厘米的正方形，放入冰箱冷冻1小时。

23 将镜面果胶融化至50℃，用喷砂机将其喷在冻好的蛋糕上。

24 然后转移到蛋糕托上，在四周和上面分别放上巧克力配件即可。

13

14

15

16

17

18

19

20

21

22

23

24

苹果牛奶荞麦

材料（可制作3个直径14厘米、高4厘米的成品）

焦糖松软比斯基

细砂糖　310克

肯迪雅稀奶油　380克

细盐　2克

肯迪雅乳酸发酵黄油　60克

王后T55传统法式面包粉　100克

泡打粉　5克

细杏仁粉　50克

榛子粉　50克

土豆淀粉　50克

全蛋　240克

荞麦沙布列

王后T55传统法式面包粉　80克

荞麦粉　80克

土豆淀粉　32.5克

糖粉　55克

肯迪雅乳酸发酵黄油　165克

蛋黄　10克

重组荞麦沙布列

柯氏43%牛奶巧克力　105克

薄脆　100克

荞麦沙布列（见上方）　207.5克

基础米布丁

圆米　75克

细砂糖　46克

香草荚　2根

全脂牛奶　375克

烘烤苹果果糊

苹果　适量

肯迪雅乳酸发酵黄油　适量

米布丁慕斯

基础米布丁（见左侧）　300克

肯迪雅稀奶油A　81克

全脂牛奶　81克

蛋黄　33克

细砂糖　17克

吉利丁混合物　21克

（或3克200凝结值吉利丁粉+18克泡

吉利丁粉的水）

肯迪雅稀奶油B　210克

烘烤苹果慕斯

烘烤苹果果糊　523克

吉利丁混合物　112克

（或16克200凝结值吉利丁粉+96克

泡吉利丁粉的水）

蛋清　117克

蛋清粉　1.2克

细砂糖　90克

葡萄糖粉　36克

肯迪雅稀奶油　197克

酸化草莓果酱

宝茸草莓果泥　200克

草莓汁　100克

细砂糖　40克

NH果胶粉　5克

柠檬酸　2.5克

装饰

镜面果胶（配方见P190）

红曲粉

巧克力配件

制作方法

焦糖松软比斯基

1　在单柄锅中把细砂糖煮成焦糖，加入黄油，搅拌均匀。

2　在另一个单柄锅中倒入稀奶油和细盐，加热至微沸，倒入步骤1的混合物中，用均质机均质乳化，降温至30℃，制成焦糖酱。

3　将步骤2降温的焦糖酱倒入厨师机的缸中，加入全蛋并搅拌均匀。

4　加入过筛的所有粉类，搅拌均匀。

5　倒入放有烘焙油布的烤盘上，用弯抹刀抹平整。放入风炉，170℃烤10~12分钟，烤好后盖上一张烘焙油布，翻转放在网架上。

荞麦沙布列

6　所有原材料的温度必须保持在4℃左右。将面包粉、荞麦粉、土豆淀粉、糖粉和切块的黄油倒入破壁机中，搅打成无黄油质地的沙砾状态。加入蛋黄搅拌成团，然后压过四方刨。放入风炉，150℃烤20~25分钟，放凉后避潮保存。

重组荞麦沙布列

7　将薄脆和荞麦沙布列倒入厨师机的缸中，加入融化至40~43℃的牛奶巧克力，用叶桨搅拌。倒入直径12厘米的模具中，用勺子压平整后放入-18℃的环境中冷冻备用。

酸化草莓果酱

8　在单柄锅中倒入草莓果泥和草莓汁，加热至35~40℃，筛入混合好的NH果胶粉和细砂糖，加热至沸腾。加入柠檬酸后倒入碗中，用保鲜膜贴面包裹，放入冰箱冷藏（4℃）12小时，使用前用蛋抽搅打细腻。

基础米布丁

9　将制作米布丁的所有材料倒入破壁机中搅拌，加热至97℃。倒入盆中，用保鲜膜贴面包裹，放入冰箱冷藏（4℃）。

米布丁慕斯

10 将稀奶油B倒入厨师机的缸中，用球桨打发成慕斯状，放入冰箱冷藏备用。将稀奶油A、全脂牛奶、细砂糖和蛋黄倒入单柄锅中，加热制成英式奶酱（温度83~85℃）。加入泡好水的吉利丁混合物，用均质机均质乳化后放入盆中。

11 加入步骤9冷藏好的基础米布丁，搅拌均匀。

12 在30℃时加入一半的打发稀奶油B，搅拌均匀；然后加入剩下的打发稀奶油B，用软刮刀搅拌均匀后马上使用。

烘烤苹果果糊

13 将苹果去皮后切成8瓣，放在硅胶垫上，表面刷上融化黄油，再盖一张硅胶垫后放入风炉中，150℃烤35~40分钟。

14 烤好后放入破壁机中搅打成糊，放入冰箱冷藏（4℃）备用。

烘烤苹果慕斯

15 在厨师机的缸中放入稀奶油，打发成慕斯状后放入冰箱冷藏（4℃）备用。在另一个厨师机的缸中放入蛋清、细砂糖、葡萄糖粉和蛋清粉，坐热水将温度升至55~60℃，用球桨中速打发直至温度降至30℃，制成瑞士蛋白糖。

16 在盆中放入降温至30℃的烘烤苹果果糊，倒入融化至45~50℃的吉利丁混合物，并用蛋抽搅拌均匀。

17 加入步骤15的瑞士蛋白糖，用蛋抽搅拌均匀。

18 加入一半步骤15的打发稀奶油，用蛋抽搅拌均匀后加剩下的打发稀奶油，用软刮刀搅拌均匀，马上使用。

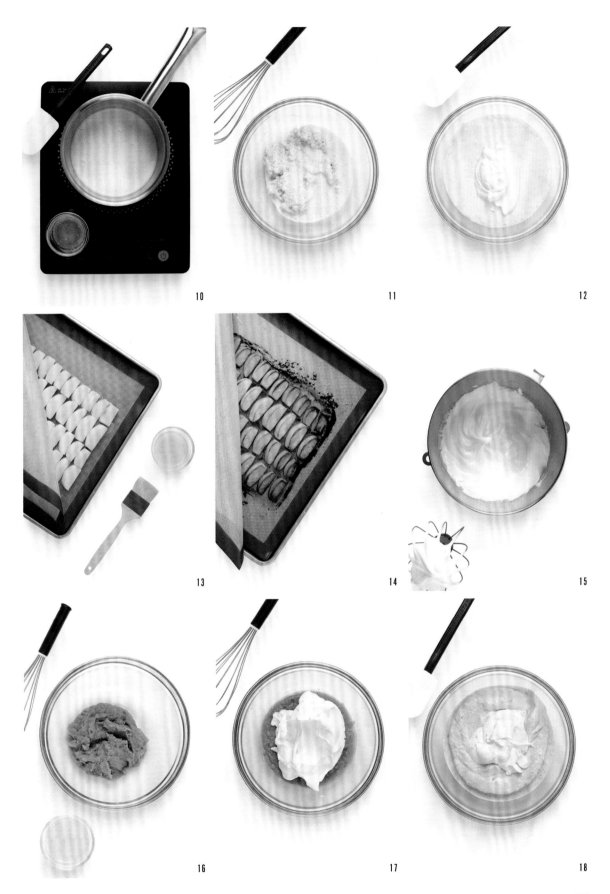

组装与装饰

19 切割两片直径12厘米的焦糖松软比斯基；将烘烤苹果慕斯放入裱花袋中；将酸化草莓果酱放入裱花袋中。在直径12厘米的圆形慕斯圈中先挤入70克草莓果酱，再放入一片焦糖松软比斯基。

20 再次挤入70克草莓果酱，并放入一片焦糖松软比斯基。

21 挤入90克烘烤苹果慕斯，放入急速冷冻机中冷冻1小时，冻好后取出脱模，放入冰箱冷冻。

22 准备一个直径14厘米、高4.5厘米的圆形硅胶模具（SFT394），放在转盘上，借助毛刷和常温的镜面果胶在模具内壁刷出圆形纹路。

23 撒上红曲米粉后将多余的粉倒出，放在常温下风干3小时。

24 在步骤23准备好的模具中倒入180克米布丁慕斯，借助小抹刀将慕斯液挂边。

25 放入步骤21提前做好的夹心部分，轻轻下压去除气泡，在夹心上挤入少量的米布丁慕斯。

26 放上步骤7的重组荞麦沙布列，借助抹刀将多余的慕斯去除，放入-38℃的环境中冷冻2小时后转入-18℃的环境中保存。

27 使用前将产品放入冰箱冷藏（4℃）2小时，取出后倒扣脱模，放上巧克力配件装饰即可。

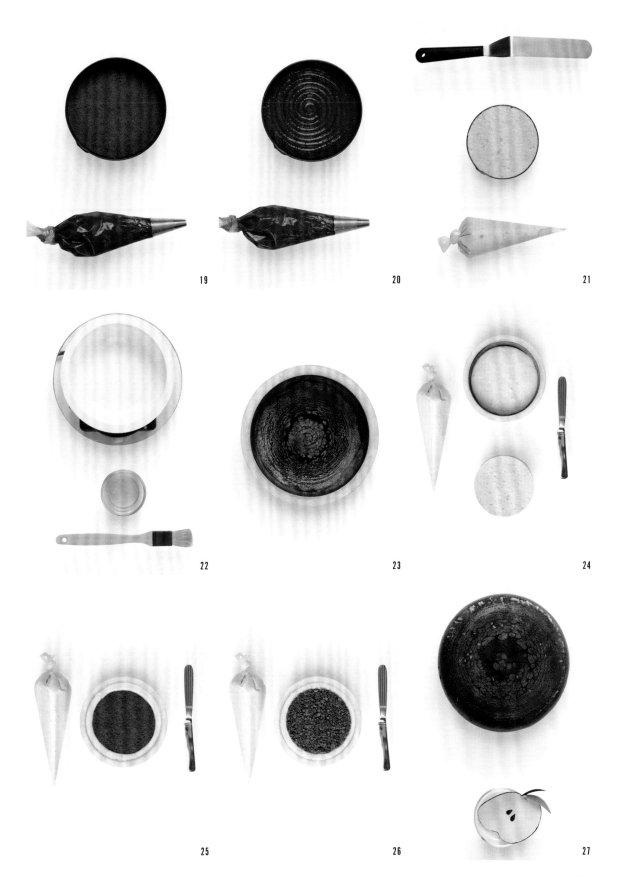

19

20

21

22

23

24

25

26

27

香料梨劈柴蛋糕

材料（可制作3个长25厘米、宽6厘米、高6厘米的成品）

焦糖香料蛋糕比斯基

杏仁粉　320克

焦糖粉　250克

黄糖A　50克

蛋清A　90克

蛋黄　110克

糖粉　54克

细盐　1.2克

香草荚　2根

肯迪亚乳酸发酵黄油　260克

王后T55传统法式面包粉　150克

泡打粉　9.2克

蛋清B　356克

黄糖B　88克

橙子皮屑　10克

肉桂粉　8克

肉豆蔻粉　2克

八角粉　4克

红酒啫喱

红酒　188克

肉桂棒　9克

橙子片　60克

青柠檬片　30克

黄柠檬片　30克

NH果胶粉　5克

细砂糖　90克

吉利丁混合物　14克

（或2克200凝结值吉利丁粉+12克泡吉利丁粉的水）

红酒香料梨

红酒　750克

威廉姆梨　4个

细砂糖　100克

柠檬皮屑　10克

橙子皮屑　10克

黑胡椒粒　5克

肉桂棒　5克

透明淋面

细砂糖　450克

葡萄糖浆　300克

水　170克

吉利丁混合物　140克

（或20克200凝结值吉利丁粉+

120克泡吉利丁粉的水）

梨子果酱

配方见P48

重组焦糖饼干沙布列

配方见P216

烤布蕾慕斯

配方见P216

装饰

巧克力羽毛

巧克力树根花纹配件

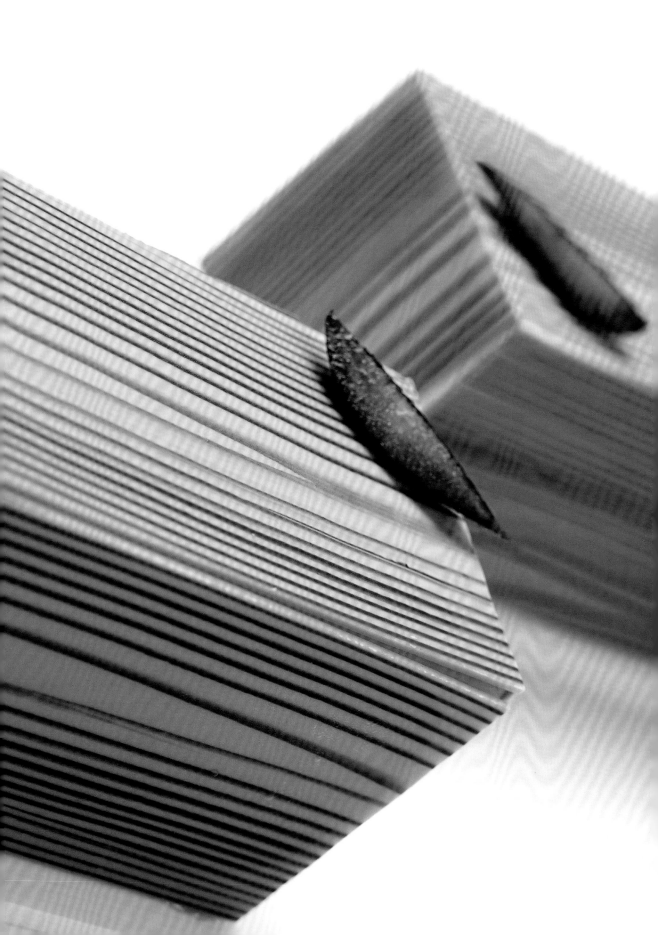

制作方法

焦糖香料蛋糕比斯基

1. 将黄油倒入单柄锅中，加热至145℃，煮成榛味黄油（即黄油加热至145℃后的一种状态，专用名称）后放入盆中备用。
2. 在厨师机的缸中放入杏仁粉、焦糖粉、黄糖A、糖粉、细盐、香草籽、肉桂粉、肉豆蔻粉、八角粉、橙子皮屑、蛋清A和蛋黄，用球桨搅拌；慢慢加入降温至50℃的榛味黄油。
3. 在另一个厨师机的缸中放入蛋清B和黄糖B，用球桨中速打发成鹰嘴状。
4. 将步骤3搅打好的蛋清与步骤2的混合物用软刮刀搅拌均匀。
5. 加入过筛的面包粉和泡打粉，搅拌均匀后倒在放有烘焙油布的烤盘上，用弯抹刀抹平整后入风炉，165℃烤约15分钟。
6. 烤好后在表面再放一张烘焙油布，翻转放在网架上备用。

透明淋面

7. 在单柄锅中放入水、葡萄糖浆和细砂糖，加热至沸腾，加入泡好水的吉利丁混合物，搅拌至化开。倒入盆中，用保鲜膜贴面包裹，放入冰箱冷藏（4℃）至少12小时。

红酒啫喱

8. 将红酒倒入单柄锅中，加热至微沸后倒在肉桂棒、橙子片、青柠檬片、黄柠檬片上，用保鲜膜贴面包裹，放入冰箱冷藏（4℃）静置12小时。
9. 过筛后将红酒补至188克，并倒入单柄锅中，加热至40℃。筛入混合好的NH果胶粉和细砂糖，搅拌均匀后加热至沸腾。加入泡好水的吉利丁混合物，倒入盆中，用保鲜膜贴面包裹，放入冰箱冷藏（4℃）3~4小时。

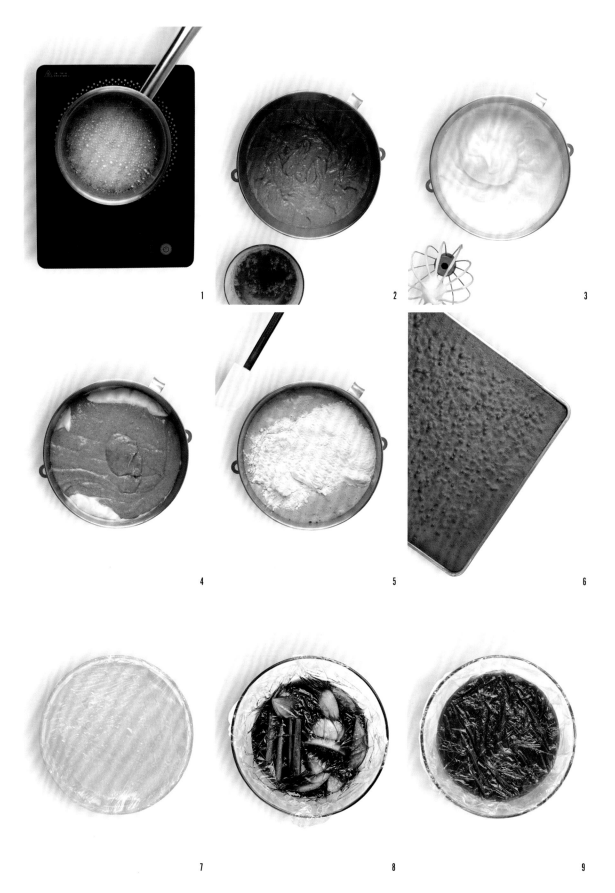

红酒香料梨

10 将威廉姆梨去皮，包裹一层薄薄的柠檬汁防止氧化变黑。在单柄锅中放入红酒、柠檬皮屑、橙子皮屑、黑胡椒粒、肉桂棒和细砂糖，加热至沸腾并持续沸腾3分钟；放入去皮的威廉姆梨，将其完全浸泡在液体中，等液体温度降至常温后转入冰箱冷藏（4℃）至少12小时，过筛出梨子后将其切割成1厘米厚的片。

组装与装饰

11 两个高1厘米的尺子间隔4厘米摆放，中间放入梨子果酱，抹平整后放入冰箱冻硬后脱模。此为第一个夹心。

12 将焦糖香料蛋糕比斯基切割成长22厘米、宽4厘米，放在两个高2厘米的尺子中间。

13 放上切片的红酒香料梨，挤入均质后的红酒啫喱并抹平，放入冰箱冷冻。此为第二个夹心。

14 在长25厘米、宽6厘米、高6厘米的模具内挤入1/3高度的烤布蕾慕斯，并放入步骤11做好的第一个夹心，再次挤入一些烤布蕾慕斯，借助弯抹刀将其抹平盖住夹心。

15 放入第二个夹心，下压挤出空气。

16 再次补入烤布蕾慕斯，抹平整后放入重组焦糖饼干沙布列。放入-38℃的环境中冷冻2~3小时，脱模后放入-18℃的环境中保存。

17 透明淋面融化至28~30℃，并将淋面均匀地淋在表面。

18 放入冰箱冷藏（4℃）2~3小时，取出放上巧克力树根花纹配件和巧克力羽毛装饰即可。

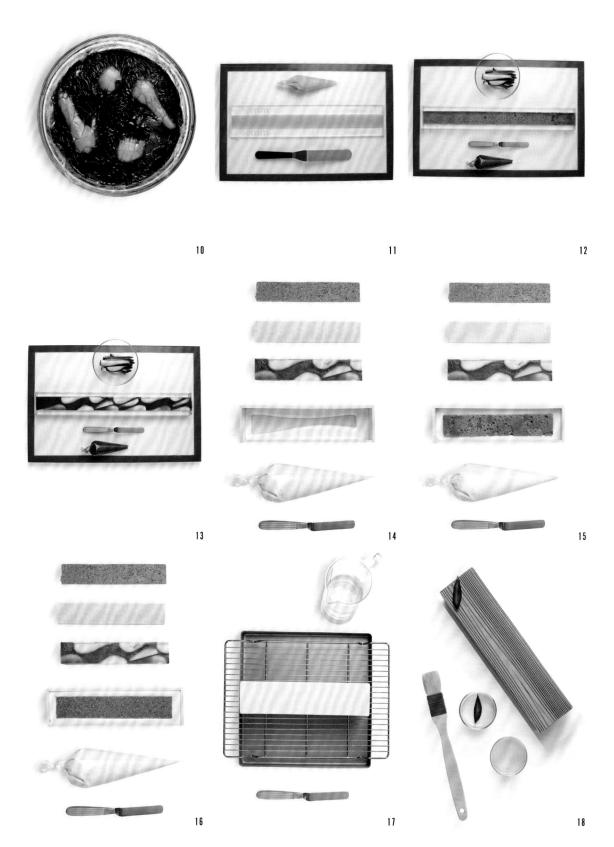

10

11

12

13

14

15

16

17

18

树莓蜜桃蛋糕

材料（可制作3个直径14厘米的蛋糕）

树莓蛋糕坯

宝茸树莓果泥　200克

蛋清粉　20克

细砂糖A　92克

蛋黄　133克

王后T55传统法式面包粉　133克

土豆淀粉　33克

肯迪雅乳酸发酵黄油　17克

葡萄籽油　17克

细砂糖B　92克

转化糖浆　67克

杏仁瓦片

杏仁片　200克

蛋清　25克

细砂糖　50克

香草液　5克

香草糖水

水　175克

细砂糖　75克

香草液　5克

树莓果酱

宝茸树莓果泥　300克

细砂糖　4.5克

NH果胶粉　4.5克

鲜榨柠檬汁　6克

蜜桃瑞士蛋白糖

宝茸白桃果泥　255克

蛋清粉　25克

葡萄糖粉　65克

细砂糖　155克

蜜桃果糊

宝茸白桃果泥　250克

鲜榨黄柠檬汁　10克

细砂糖　10克

NH果胶粉　3克

水蜜桃丁　250克

蜜桃利口酒　10克

吉利丁混合物　14克

（或2克200凝结值吉利丁粉+12克泡吉利丁粉的水）

蜜桃西布斯特奶油

肯迪雅稀奶油　231克

全脂牛奶　198克

香草荚　1根

蛋黄　121.5克

细砂糖　49.5克

奶油凝胶剂（索萨GEL CREAM）　27克

吉利丁混合物　63克

（或9克200凝结值吉利丁粉+54克泡吉利丁粉的水）

蜜桃瑞士蛋白糖（见左侧）　415克

蜜桃淋面

宝茸白桃果泥　390克

全脂牛奶　26克

水　208克

葡萄糖浆　143克

NH果胶粉　13克

细砂糖　143克

吉利丁混合物　28克

（或4克200凝结值吉利丁粉+24克泡吉利丁粉的水）

红色水溶色粉　适量

装饰

绿色巧克力叶状配件

巧克力泥

制作方法

树莓蛋糕坯

1 厨师机的缸中倒入树莓果泥、转化糖浆、细砂糖A和蛋清粉，用球桨中速打发。

2 另一个厨师机的缸中倒入蛋黄和细砂糖B，用球桨打发成慕斯状。

3 将步骤2的打发蛋黄与步骤1的材料轻轻用软刮刀混合搅拌均匀。

4 将黄油融化至50℃，与葡萄籽油搅拌均匀后加入步骤3的缸内。

5 倒入过筛的面包粉和土豆淀粉，搅拌均匀。

6 倒入放有烘焙油布的烤盘中，用弯抹刀抹平整后放入风炉，180℃烤8~10分钟。烤好后盖一张烘焙油纸，翻转放在网架上。

杏仁瓦片

7 将细砂糖、蛋清和香草液混合搅拌均匀，加入杏仁片。用软刮刀将全部混合物搅拌均匀，放入直径12厘米的慕斯圈中，每个模具放45克，放入风炉，150℃烘烤至表面出现漂亮的焦糖色。

香草糖水

8 在单柄锅中放入水、细砂糖和香草液，加热至沸腾后放入碗中。用保鲜膜贴面包裹，放入冰箱冷藏（4℃）备用。

树莓果酱

9 将树莓果泥倒入单柄锅中，加热至35~40℃，筛入搅拌均匀的细砂糖和NH果胶粉，搅拌均匀后加热至沸腾。加入鲜榨柠檬汁后放入盆中，用保鲜膜贴面包裹，放入冰箱冷藏（4℃）1~3小时后使用。

小贴士

如果当季，可用新鲜水蜜桃，否则可用蜜桃罐头。

蜜桃果糊

10 将白桃果泥和切成小块的水蜜桃放入锅中，加热至35~40℃，筛入搅拌均匀的细砂糖和NH果胶粉，搅拌均匀后加热至沸腾。加入泡好水的吉利丁混合物，搅拌至化开。加入蜜桃利口酒，搅拌均匀后放入盆中，用保鲜膜贴面包裹，放入冰箱冷藏（4℃）2~3小时后使用。

小贴士

在将煮好的酱与蜜桃瑞士蛋白糖搅拌时一定要保证酱的温度为50℃，而蜜桃瑞士蛋白糖的温度为30℃。

蜜桃瑞士蛋白糖

11 厨师机的缸中倒入细砂糖、蛋清粉、葡萄糖粉，搅拌均匀后加入白桃果泥，再次搅拌均匀后将缸坐在热水上加热至55~60℃。

12 加热至指定温度后，用球桨中速打发，此部分用在蜜桃西布斯特奶油配方内。

蜜桃西布斯特奶油

13 在单柄锅中倒入全脂牛奶、稀奶油和香草荚，加热至沸腾，将一半倒入混合均匀的蛋黄、奶油凝胶剂和细砂糖上。

14 搅拌均匀后倒回锅中，慢慢加热至黏稠并沸腾。关火，加入泡好水的吉利丁混合物。

15 搅拌均匀后用均质机均质乳化，在温度为50℃时慢慢加入蜜桃瑞士蛋白糖，用蛋抽搅拌均匀。加入剩下的蜜桃瑞士蛋白糖，用软刮刀轻柔地搅拌均匀，马上使用。

蜜桃淋面

16 在单柄锅中放入白桃果泥、水、葡萄糖浆和全脂牛奶，加热至35~40℃，筛入搅拌均匀的NH果胶粉和细砂糖的混合物，加热至沸腾。加入泡好水的吉利丁混合物，搅拌至化开，加入少量红色水溶色粉。使用均质机均质成均匀无泡沫的液体，倒入盆中，用保鲜膜贴面包裹，放入冰箱冷藏（4℃）12小时。

组装与装饰

17 将树莓果酱和蜜桃果糊用蛋抽搅打细腻；将树莓蛋糕坯用直径12厘米的圆形模具切出形状。在直径12厘米的圆形慕斯圈中放入70克树莓果酱，并用小勺抹平整。

18 放入切好的蛋糕坯（有蛋糕皮的那一面朝下），在蛋糕坯上用毛刷刷上香草糖水。

19 挤入100克蜜桃果糊，用小勺抹均匀。放入冰箱冷冻至少1小时，此为夹心部分。

20 将步骤19的夹心部分脱模；将蜜桃西布斯特奶油放入裱花袋中；取出杏仁瓦片。在直径14厘米、高4.5厘米的圆形硅胶模具中挤入一半高度的蜜桃西布斯特奶油，用小抹刀将奶油挂边。

21 放入夹心，树莓果酱部分朝下，轻压排出空气，再次挤入蜜桃西布斯特奶油。

22 放入杏仁瓦片，去除多余的蜜桃西布斯特奶油。放入-38℃的环境中急速冷冻至少2小时。

23 将步骤22的蛋糕脱模，用直径12厘米的慕斯圈压出痕迹。

24 融化蜜桃淋面至30~32℃，淋在步骤23的蛋糕上，用弯抹刀抹去多余的部分，放入冰箱冷藏（4℃）2小时。取出后用绿色巧克力叶状配件和巧克力泥装饰即可。

小贴士

色粉的添加量需要根据实际色粉品牌来做调整，颜色调整到水蜜桃的粉色即可。

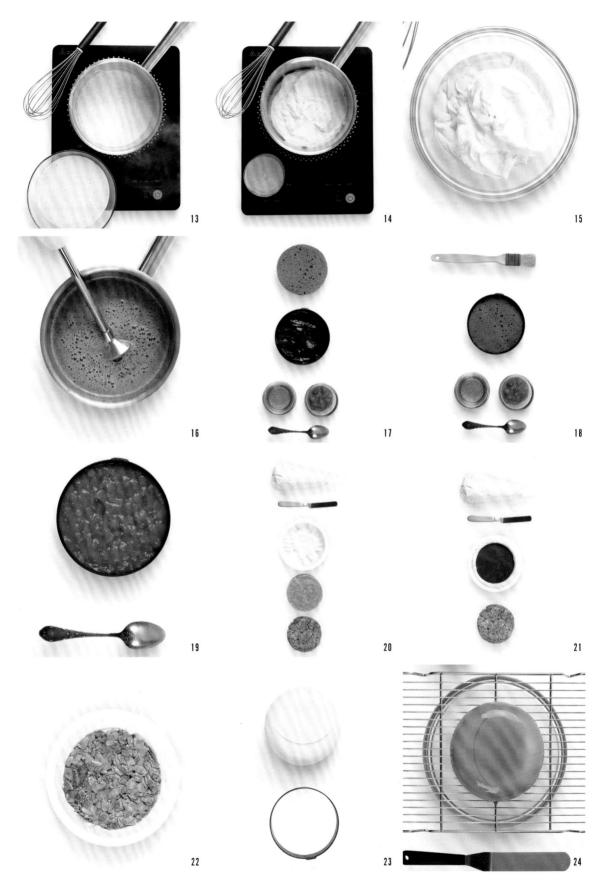

挞类

斑斓日本柚子小挞

材料（可制作12个）

杏仁沙布列

肯迪雅布列塔尼黄油片　100克

细盐　1.7克

糖粉　50克

杏仁粉　50克

王后T65经典法式面包粉　200克

全蛋　41.7克

斑斓杏仁蛋糕坯

全蛋　280克

50%杏仁膏　400克

泡打粉　5克

王后T55传统法式面包粉　70克

斑斓粉　20克

肯迪雅乳酸发酵黄油　130克

蛋清　100克

60%君度酒　50克

日本柚子奶油

宝茸日本柚子果泥　81克

细砂糖　75克

全蛋　54克

蛋黄　36克

肯迪雅乳酸发酵黄油　100克

可可脂　44克

吉利丁混合物　18.9克

（或2.7克200凝结值吉利丁粉+

16.2克泡吉利丁粉的水）

斑斓打发甘纳许

肯迪雅稀奶油A　140克

吉利丁混合物　21克

（或3克200凝结值吉利丁粉+

18克泡吉利丁粉的水）

柯氏白巧克力　70克

斑斓粉　12克

肯迪雅稀奶油B　300克

镜面果胶

水　250克

葡萄糖浆　50克

细砂糖　87克

NH果胶粉　10克

鲜榨黄柠檬汁　10克

日本柚子橙子果酱

橙子果肉　104克

宝茸椰子果泥　40克

宝茸日本柚子果泥　52克

细砂糖　62克

NH果胶粉　3.4克

橙子皮　2克

吉利丁混合物　21克

（或3克200凝结值吉利丁粉+18克泡

吉利丁粉的水）

蛋奶液

肯迪雅稀奶油　75克

蛋黄　60克

装饰

薄荷叶

豌豆叶

小紫苏叶

制作方法

小贴士

小贴士

杏仁沙布列是一种烤好后口感非常酥脆的面团，所以在搅打过程中不可以将面团打上筋性并且需要长时间的静置。

小贴士

①这种做法的镜面果胶可在冰箱冷藏3~4周。

②镜面果胶的使用范围很广，可以用喷砂的方式喷在产品表面，在一定程度上保证产品的湿度。

杏仁沙布列

1 所有材料都需要保持在4℃，此温度为正常冷藏冰箱的温度。在破壁机中放入干性原材料和切成小块的黄油，一起搅打直至黄油完全与干性原材料混合。

2 将搅打均匀的全蛋加入，搅打至成团。

3 倒在桌面上用手掌部揉搓。将面团放在两张烘焙油布中间，压至2毫米厚。放入冰箱冷藏（4℃）12小时。

4 将冷藏好的面片切割成长18.5厘米、宽2厘米的长条，在其余的面片上切割出直径5.5厘米的圆片。

5 将长条和圆形面片放入直径6厘米的挞圈内。

6 放入冰箱冷藏12小时，然后转移至烤箱，150℃烤15~20分钟。

镜面果胶

7 单柄锅中放入水和葡萄糖浆，加热至35~40℃；NH果胶粉和细砂糖混合过筛后，倒入单柄锅中。加热至沸腾，并保持沸腾30~40秒，帮助果胶粉完全溶于溶液中。

8 加入鲜榨黄柠檬汁，搅拌均匀，将液体过筛。用保鲜膜贴面包裹，放入冰箱冷藏（4℃）。

日本柚子奶油

9 借助蛋抽将全蛋和蛋黄搅拌均匀；单柄锅中倒入日本柚子果泥、细砂糖和搅拌好的蛋液，加热至微沸；加入泡好水的吉利丁混合物，搅拌至化开。

10 加入可可脂，搅拌使其乳化。

11 加入凉的黄油，用均质机均质乳化。将均质好的混合物倒入盆中，用保鲜膜贴面包裹，放入冰箱冷藏（4℃）保存。

日本柚子橙子果酱

12 将橙子皮屑放入装有冷水的单柄锅中，加热至沸腾3~4分钟，过滤。同样的步骤重复2遍，过筛滤掉水后切碎取出所需重量。用小刀去除橙子的白色皮部分，借助锋利的小刀取出所需重量的橙子果肉。在单柄锅中倒入橙子果肉、椰子果泥、日本柚子果泥、焯过水并切碎的橙子皮屑，加热至35~40℃。将过筛后的NH果胶粉和细砂糖搅拌均匀，倒入单柄锅中（混合物温度保持在35~40℃）。

13 加热至沸腾，加入泡好水的吉利丁混合物，搅拌至化开。

14 将混合物稍微均质，不要将果肉全部打碎。倒入盆中，用保鲜膜贴面包裹，放入冰箱冷藏（4℃）备用。

斑斓打发甘纳许

15 单柄锅中加入稀奶油A，加热至80℃；加入泡好水的吉利丁混合物，搅拌至化开。

16 倒在白巧克力和斑斓粉上，用均质机均质乳化。

17 加入4℃的稀奶油B，再次均质。将混合物过筛后倒入盆中，用保鲜膜贴面包裹，放入冰箱冷藏（4℃）至少12小时。

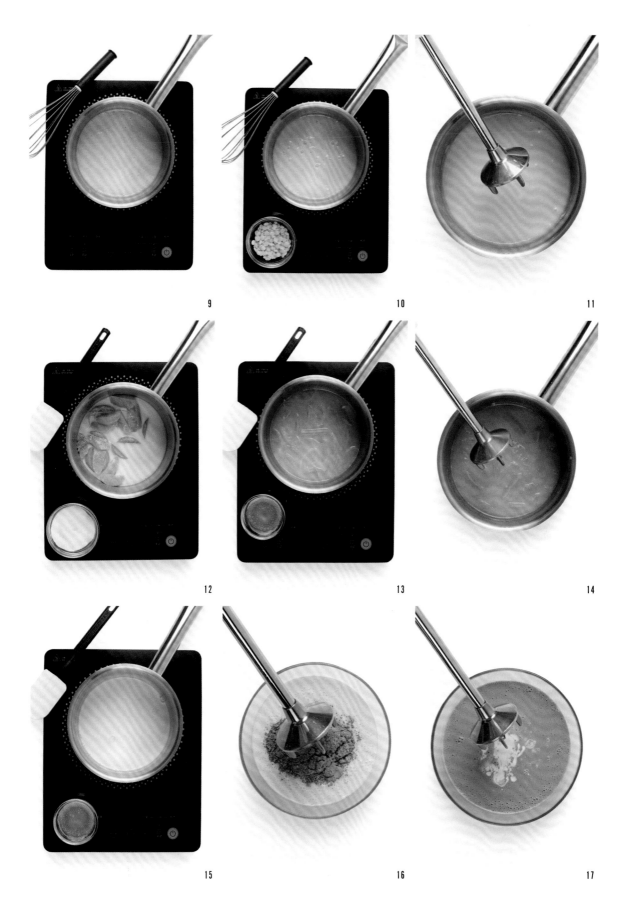

9

10

11

12

13

14

15

16

17

斑斓杏仁蛋糕坯

18 50%杏仁膏和全蛋需要在常温时使用。将50%杏仁膏和全蛋倒入破壁机中，一起搅打至杏仁膏与全蛋液完全融合均匀后倒入放有球桨的打发缸中，将混合物打发至飘带状。

19 将蛋清倒入盆中，手动打发至慕斯状（鹰钩状）。

20 将打发好的蛋清用软刮刀轻柔地拌入步骤18的混合物中。黄油融化至50℃，与60%君度酒混合搅拌均匀。

21 将面包粉、泡打粉和斑斓粉过筛后轻轻地拌入混合物中，搅拌均匀。

22 取少量混合物放入黄油和60%君度酒的混合物中搅拌均匀；然后倒回缸中搅拌均匀。

23 倒入放有烘焙油布的烤盘（长60厘米、宽40厘米），借助弯抹刀将蛋糕面糊均匀地平铺在烤盘内，放入烤箱，165℃烤10~12分钟。烤好后盖上一层烘焙油布，翻转放在网架上。

蛋奶液

24 将蛋黄和稀奶油混合。

25 搅拌均匀后过筛，制成蛋奶液。

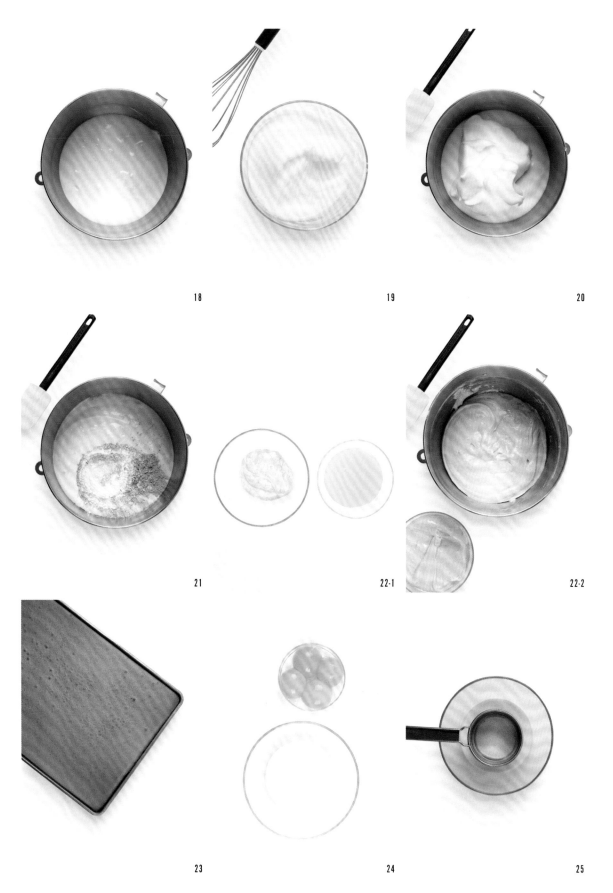

18

19

20

21

22-1

22-2

23

24

25

组装与装饰

26 取来步骤6的挞壳，将蛋奶液用喷砂的方式喷在挞壳的表面。

27 放入烤箱150℃烤约5分钟。烤至漂亮的焦糖色后取出放凉，放在避潮的地方保存。

28 借助蛋抽将日本柚子橙子果酱和日本柚子奶油搅打细腻后分别装入放有直径8毫米裱花嘴的裱花袋中。将斑斓杏仁蛋糕坯用直径5.5厘米的圆形切模切出形状。

29 将日本柚子橙子果酱挤入步骤27的挞壳内。

30 再挤上日本柚子奶油。

31 将斑斓打发甘纳许打发成慕斯状。借助小弯抹刀将斑斓打发甘纳许抹至齐平于挞壳的高度。

32 将切割好的斑斓杏仁蛋糕坯放在表面。

33 借助圣多形状的裱花嘴（SN7024）将斑斓打发甘纳许Z字形挤在斑斓杏仁蛋糕坯上，放入-18℃的环境中冷冻约30分钟。

34 融化镜面果胶至45~50℃。使用喷砂机将融化好的镜面果胶喷在挞的表面，放回冰箱冷藏30分钟。

35 取出后放上小紫苏叶、薄荷叶和豌豆叶装饰即可。

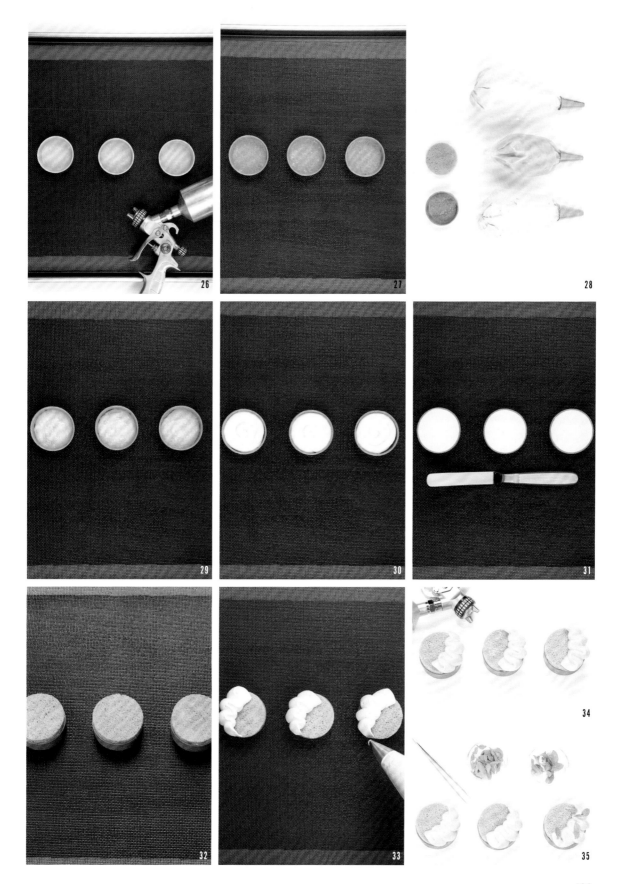

肉桂焦糖西布斯特挞

材料（可制作3个直径12厘米的成品）

苹果酒核桃比斯基

全脂牛奶　50.8克

肯迪雅乳酸发酵黄油　279.4克

糖粉　76.2克

黄糖　76.2克

杏仁粉　140.4克

核桃　200克

香草液　25.4克

葡萄籽油　50.8克

苹果酒　78.4克

蛋黄　122克

全蛋　70克

王后T55传统法式面包粉　163克

泡打粉　7.8克

蛋清　182.8克

细砂糖　76.2克

焦糖肉桂西布斯特奶油

细砂糖A　50克

肉桂棒　10克

全脂牛奶　400克

蛋黄　120克

细砂糖B　30克

玉米淀粉　30克

吉利丁混合物　56克

（或8克200凝结值吉利丁粉+48

克泡吉利丁粉的水）

蛋清　240克

细砂糖C　40克

蛋奶液

配方见P190

杏仁沙布列

配方见P190

苹果白兰地焦糖

配方见P42

装饰

肉桂棒状柯氏43%牛奶巧克力配件

黄糖

制作方法

苹果酒核桃比斯基

1 将糖粉、杏仁粉和核桃使用料理机打成粉状备用。将黄油放入厨师机的缸中，用叶桨搅拌至变成奶油质地。

2 加入步骤1的粉状混合物和黄糖，搅拌的同时慢慢加入葡萄籽油、蛋黄和全蛋（所有原材料需要在常温）；加入过筛的面包粉和泡打粉，搅拌均匀；将全脂牛奶、香草液和苹果酒混合拌匀后加入，搅拌均匀。

3 在另一个厨师机的缸中放入蛋清和细砂糖，用球桨打发成蛋白糖；倒入步骤2的面糊，用软刮刀翻拌均匀。

4 倒入长60厘米、宽40厘米的烤盘中，用弯抹刀抹平整，放入风炉，170℃烤15~20分钟。烤好后盖上烘焙油布，翻转放在网架上。

焦糖肉桂西布斯特奶油

5 在单柄锅中用细砂糖A和肉桂棒煮成干焦糖；在另一个单柄锅中倒入全脂牛奶，加热至沸腾后分次倒入干焦糖中，搅拌均匀。过筛后取出400克。

6 在盆中将玉米淀粉和细砂糖B混合，搅拌均匀，加入蛋黄继续搅拌；倒入一半步骤5的液体，搅拌均匀后倒回步骤5的锅中。

7 慢慢加热至沸腾变稠，加入泡好水的吉利丁混合物，搅拌至化开，均质后倒入盆中。

8 在厨师机的缸中倒入蛋清和细砂糖C，用球桨打发至慕斯状。往步骤7的盆中分两次加入打发蛋白，搅拌均匀后加入剩下的部分，用软刮刀搅拌均匀。

组装与装饰

9 取出烤好并喷上蛋奶液的挞底（做法参考斑斓日本柚子小挞，模具改为直径12厘米的挞圈）放置；将苹果白兰地焦糖搅拌；苹果酒核桃比斯基切割成直径10厘米的圆形。

10 在挞底内放入高3厘米的慕斯围边，挤入80克苹果白兰地焦糖，用勺子抹平整后放入一片苹果酒核桃比斯基。

11 将焦糖肉桂西布斯特奶油放入裱花袋中，并将其挤入苹果酒核桃比斯基和慕斯围边中间的空隙部位，用弯抹刀抹平整后放入-38℃的环境中冷冻1小时。

12 去掉慕斯围边后再次将其放入冰箱冷藏（4℃）1小时，撒上黄糖，用火枪将黄糖烧至焦糖状。最后放入一个肉桂棒状柯氏43%牛奶巧克力配件装饰即可。

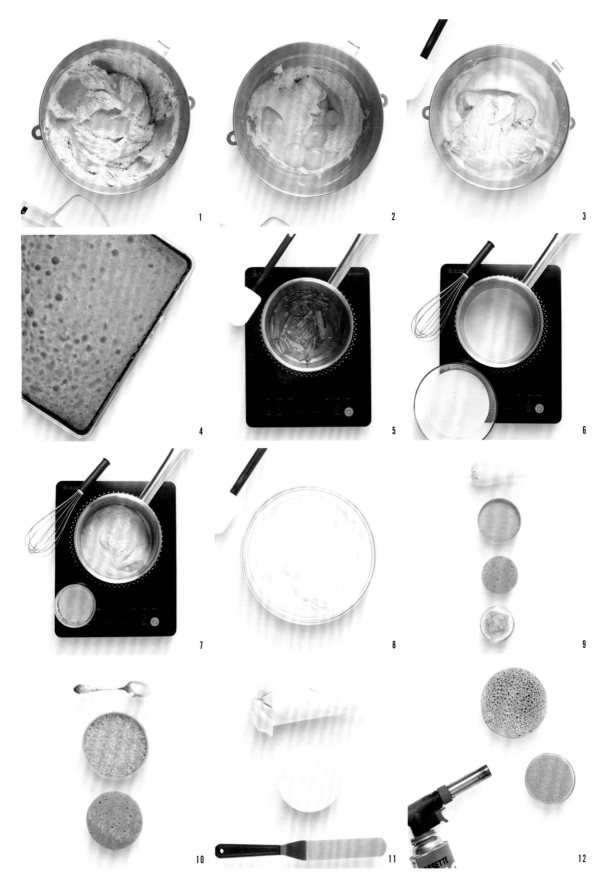

香橙胡萝卜榛子挞

材料（可制作6个）

杏仁沙布列
配方见P190

蛋奶液
配方见P190

胡萝卜奶油
肯迪雅稀奶油　200克
鲜榨胡萝卜汁　65克
香草荚　1根
蛋黄　60克
黄糖　25克

胡萝卜蛋糕
蛋黄　125克
细砂糖A　75克
转化糖浆　25克
蛋清　325克
细砂糖B　100克
榛子粉　150克
杏仁粉　150克
烘烤榛子碎　50克
胡萝卜屑　225克
宝茸胡萝卜果泥　100克
王后T55传统法式面包粉　125克
土豆淀粉　50克
泡打粉　12.5克
细盐　1克
橙子皮屑　6克

60%肉桂帕林内
60%榛子帕林内（见P34）　450.5克
肉桂粉　1克

香橙果糊
橙子果肉　104克
宝茸百香果果泥　52克
细砂糖　52克
NH 果胶粉　3.4克
水煮过的橙子皮　2克
吉利丁混合物　21克
（或3克200凝结值吉利丁粉+18
克泡吉利丁粉的水）

香橙胡萝卜
鲜榨橙汁　500克
胡萝卜　150克
肉桂棒　1根
橙子皮屑　3克

装饰
镜面果胶（配方见P190）
薄荷叶
榛子
香草白巧克力圈
橙子果肉

制作方法

胡萝卜蛋糕

1. 在厨师机的缸中放入蛋黄、细盐、细砂糖A和转化糖浆，用球桨打发成慕斯状；放入胡萝卜果泥，搅拌均匀。

2. 在另一个厨师机的缸中放入蛋清和细砂糖B，用球桨打发成法式蛋白糖后轻轻拌入步骤1的材料中，用软刮刀翻拌均匀。

3. 加入过筛过的榛子粉、杏仁粉、面包粉和泡打粉，搅拌均匀。

4. 加入胡萝卜屑、橙子皮屑和烘烤榛子碎，搅拌均匀。

5. 倒入长60厘米、宽40厘米的烤盘中，用弯抹刀抹平整后放入风炉，170℃烤15~20分钟，烤好后盖一张烘焙油布，翻转放在网架上备用。

胡萝卜奶油

6. 在单柄锅中放入鲜榨胡萝卜汁和香草荚，加热至沸腾，加入冷的稀奶油、蛋黄和黄糖，用均质机均质乳化。

7. 将混合物过筛，在直径10厘米、高2厘米的硅胶模具中倒入100克，放入风炉，90℃烤1小时20分钟~1小时30分钟。出炉后晃动模具，检查中间部分是否还有流动性，如果没有，说明已经烤熟，放在网架上降温，然后放入冰箱冷冻1小时。

香橙胡萝卜

8. 将胡萝卜用刨皮器刨成薄片后放入塑封袋中。

9. 加入橙子皮屑、肉桂棒和鲜榨橙汁，塑封后放入风炉，90℃烘烤2小时，取出后放入冰箱冷藏（4℃）12小时。使用前过筛取出胡萝卜。

香橙果糊

10 在单柄锅中放入橙子果肉、百香果果泥和水煮过的橙子皮，加热至35~40℃；加入NH果胶粉和细砂糖的混合物，加热至沸腾。

11 离火，加入泡好水的吉利丁混合物，搅拌至化开。

12 稍微均质后放入盆中，用保鲜膜贴面包裹，放入冰箱冷藏（4℃）12小时。

组装与装饰

13 取出烤好并喷上蛋奶液的挞底（做法参照斑斓日本柚子小挞，模具改为直径12厘米的挞圈）；将香橙果糊搅拌成奶油质地；将胡萝卜奶油脱模；将胡萝卜蛋糕切成1厘米见方的小丁；将60%肉桂帕林内（将60%榛子帕林内与肉桂粉混合拌匀即可）放入裱花袋中；将香橙胡萝卜松松地卷起来。

14 将高2厘米的香草白巧克力圈放在挞壳内，挤入香橙果糊。

15 放上脱模的胡萝卜奶油，在胡萝卜奶油和香草白巧克力圈中间挤入60%肉桂帕林内，放入胡萝卜蛋糕。

16 放入橙子果肉和卷起来的胡萝卜卷，最后放上榛子并挤入60%肉桂帕林内。

17 融化镜面果胶至50℃，喷在蛋糕表面。

18 最后放上薄荷叶装饰即可。

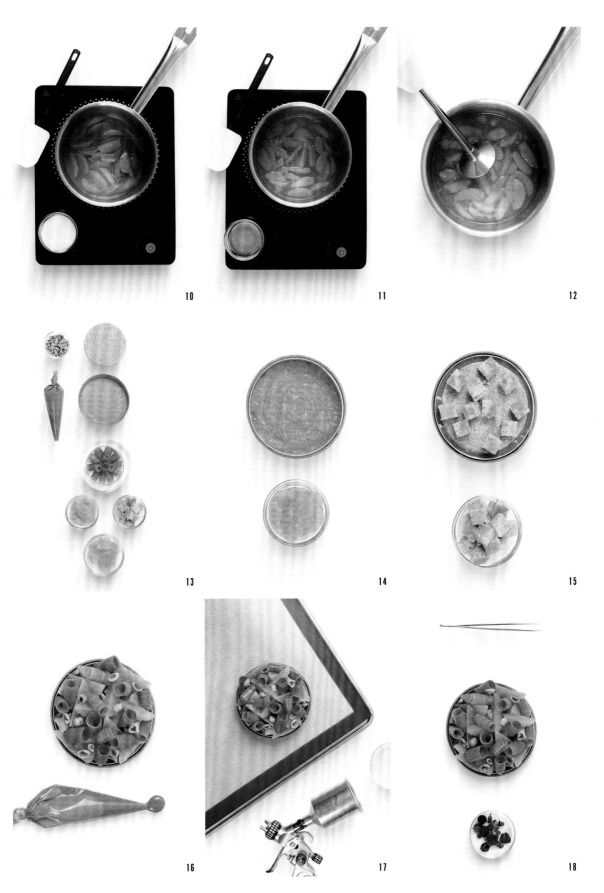

香梨蜂蜜生姜挞

材料（可制作2个直径15厘米、高2.5厘米的成品）

竹炭杏仁沙布列

肯迪雅乳酸发酵黄油　100克

细盐　1.7克

糖粉　50克

杏仁粉　50克

王后T55传统法式面包粉　200克

竹炭粉　2克

全蛋　41.7克

生姜比斯基

蛋黄　117克

细砂糖A　59克

葡萄籽油　59克

鲜榨生姜汁　75克

王后T65经典法式面包粉　157克

蛋清　313克

细砂糖B　117克

蜂蜜糖水梨

水　333克

蜂蜜　133克

碳酸氢钠　1克

威廉姆梨酒　127克

威廉姆梨　200克

蜂蜜柠檬啫喱

鲜榨黄柠檬汁　180克

奶粉　10克

水　70克

蜂蜜　100克

细砂糖　15克

琼脂粉　3克

结兰胶　1.5克

蜂蜜打发甘纳许

肯迪雅稀奶油A　70克

蜂蜜　30克

吉利丁混合物　10.5克

（或1.5克200凝结值吉利丁粉+9克泡吉利丁粉的水）

可可脂　20克

肯迪雅稀奶油B　175克

蜂蜜鱼子酱

蜂蜜　168克

焦糖粉　35克

水　78克

鲜榨柠檬汁　14克

琼脂粉　2.2克

吉利丁混合物　12.6克

（或1.8克200凝结值吉利丁粉+10.8克泡吉利丁粉的水）

葡萄籽油　适量

装饰

黄色巧克力圈

制作方法

竹炭杏仁沙布列

1　所有材料都需要保持在4℃，此温度为冰箱冷藏温度。在破壁机中放入所有干性材料和切成小颗粒的黄油，搅打成无黄油的沙砾状。加入打散的全蛋，再次搅拌至面团成团后倒出，用手掌稍微碾压。将碾压好的面团整成方形，用保鲜膜包裹，放入冰箱冷藏（4℃）至少12小时。

2　在直径15厘米、高2厘米的挞圈内抹一层薄薄的黄油，并将面团压成3毫米厚，放入冰箱冷藏1小时，取出用模具切割出挞底和挞圈一样大小的两张面片，并嵌入挞圈内，放入风炉，150℃烤20~25分钟。在其中一张面片上用模具切割出形状。烤好后脱模。

生姜比斯基

3　在厨师机的缸中放入蛋黄和细砂糖A，用球桨打发成慕斯状。在另一个厨师机的缸中放入蛋清和细砂糖B，用球桨打发成鹰嘴状。轻柔地将两个缸中的材料用软刮刀翻拌均匀，加入过筛的面包粉。

4　在盆中将葡萄籽油与鲜榨生姜汁混合搅拌均匀，拌入一小部分步骤3的混合物，搅拌均匀后倒回步骤3的容器中搅拌。

5　倒入放有烘焙油布的烤盘中，用弯抹刀抹平整后放入风炉，190℃烤7~8分钟，烤好后盖上一张烘焙油布，翻转放在网架上。

蜂蜜糖水梨

6　在单柄锅中放入水、蜂蜜和碳酸氢钠，加热至沸腾后放入冰箱，降温至4℃后加入威廉姆梨酒。用切片器将威廉姆梨切割成2毫米厚的片，放入塑封袋中加入刚刚的糖水。将袋子密封后放入冰箱冷藏（4℃）12小时，使用时先滤掉水分。

蜂蜜鱼子酱

7　将水、鲜榨柠檬汁、蜂蜜放入单柄锅中，加入焦糖粉和琼脂粉的混合物，搅拌均匀后加热至沸腾；趁热加入泡好水的吉利丁混合物，降温至50~60℃。

8　将降温好的混合物放入滴管中，一滴一滴地挤在冰箱冷藏（4℃）了2~3小时的葡萄籽油中。

9　全部挤完后将葡萄籽油连带里面的蜂蜜鱼子酱放入冰箱冷藏（4℃）至少1小时。取出后过筛，放入水中，再次放入冰箱冷藏（4℃）。

1

2

3

4

5

6

7

8

9

蜂蜜柠檬啫喱

10 在单柄锅中放入水、蜂蜜、鲜榨黄柠檬汁和奶粉，加入细砂糖、琼脂和结兰胶并加热至沸腾。倒入盆中，用保鲜膜贴面包裹，放入冰箱冷藏（4℃）3小时。啫喱凝固后，取出倒入盆中，用均质机搅打成奶油质地的啫喱状，放回冰箱保存备用。

蜂蜜打发甘纳许

11 在单柄锅中放入稀奶油A、蜂蜜，一起加热至70~80℃，加入泡好水的吉利丁混合物，搅拌至完全化开，加可可脂。用手持均质机均质乳化后加入稀奶油B，再次均质乳化。过筛倒入盆中，用保鲜膜贴面包裹，放入冰箱冷藏（4℃）至少12小时。使用时，先放入厨师机的缸中打发。

组装与装饰

12 切割2片圆形的生姜比斯基；在一片生姜比斯基上将蜂蜜糖水梨摆成玫瑰花状，放入冰箱冷冻；在第二片生姜比斯基上抹上薄薄一层蜂蜜柠檬啫喱。

13 在步骤2有镂空图案的挞底上放入抹有蜂蜜柠檬啫喱的生姜比斯基。

14 将蜂蜜打发甘纳许放入装有直径1厘米裱花嘴的裱花袋中，将其画圈挤在抹有蜂蜜柠檬啫喱的生姜比斯基上。

15 放入滤过水的蜂蜜鱼子酱。

16 将步骤12放有蜂蜜糖水梨的生姜比斯基反过来叠放上。

17 翻转过来放在步骤2烤好的没有镂空图案的挞底上。

18 最后在洞内放入蜂蜜鱼子酱，沿挞圈边围上黄色巧克力圈即可。

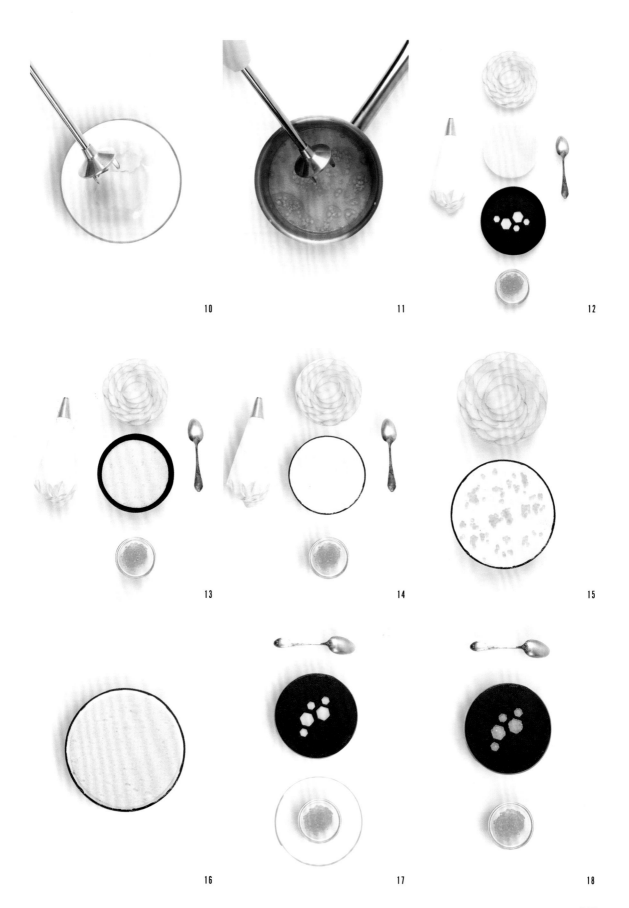

蓝莓烤布蕾小挞

材料（可制作24个直径6厘米的成品）

杏仁沙布列
配方见P190

蛋奶液
配方见P190

焦糖饼干面团
肯迪雅乳酸发酵黄油 109.3克
糖粉　70.5克
榛子粉　21.9克
细盐　1克
全蛋　42.3克
王后T55传统法式面包粉　182.2克
土豆淀粉　58.3克
肉桂粉　14.6克

重组焦糖饼干沙布列
焦糖饼干碎　100克
焦糖饼干面团（见上方）　100克
杏仁沙布列（见上方）　150克
60%榛子帕林内（见P34）　133克
可可脂　40克

蓝莓果糊
冷冻蓝莓　543克
细砂糖　54克
NH果胶粉　2克

基础烤布蕾
肯迪雅稀奶油　450克
全脂牛奶　75克
香草荚　1根
蛋黄　120克
黄糖　50克

烤布蕾慕斯
基础烤布蕾（见左侧）　600克
吉利丁混合物　84克
（或12克200凝结值吉利丁粉+
72克泡吉利丁粉的水）
蛋清　40克
葡萄糖粉　60克
肯迪雅稀奶油　400克

黑加仑慕斯啫喱
吉利丁混合物　102.9克
（或14.7克200凝结值吉利丁
粉+88.2克泡吉利丁粉的水）
细砂糖　115克
水　135克
黑加仑酒　125克
宝茸黑加仑果泥　145克
生姜汁　2克

装饰
镜面果胶（配方见P190）
青柠檬皮屑
薄荷叶

制作方法

小贴士

如果时间允许，可以在烤制前将混合液放入冰箱冷藏24小时，这样可以增加风味。

基础烤布蕾

1 在单柄锅中加入黄糖（预留少许）、全脂牛奶和香草荚，加热至沸腾后加入蛋黄和冷的稀奶油，使用均质机均质乳化细腻后过筛至盆中。放入风炉，90℃烤1小时13分钟~2小时，取出后晃动烤盘检查是否具有流动性，如果没有说明已经烤好，放在常温环境稍作降温后转入冰箱冷藏（4℃）12小时。撒上黄糖后用火枪将其烧至焦糖色。

黑加仑慕斯啫喱

2 在单柄锅中放入水和细砂糖，一起慢慢加热至沸腾。离火，加入泡好水的吉利丁混合物，搅拌至化开。加入黑加仑果泥，用蛋抽搅拌至化开，加入黑加仑酒和生姜汁。搅拌均匀后倒入盆中，用保鲜膜贴面包裹，放入冰箱冷藏（4℃）12小时。

3 将步骤2冷藏好的啫喱放入厨师机的缸中，用球桨打发。

4 放入高3厘米的方形慕斯模具中，用弯抹刀抹平整后放入-38℃的环境中急速冷冻。

5 脱模后用刀切割成3.5厘米见方的小块后再次冷冻。

烤布蕾慕斯

6 将稀奶油放入厨师机的缸中，用球桨打发后放入冰箱冷藏备用。在另一个厨师机的缸中放入蛋清和葡萄糖粉，隔水加热至55~60℃后将其中速打发成瑞士蛋白糖，在30℃左右时停下。

7 将基础烤布蕾均质至没有焦糖颗粒（30℃），放入融化至45~50℃的吉利丁混合物；加入打发好的瑞士蛋白糖，搅拌均匀。

8 加入一半的打发稀奶油，搅拌均匀。

9 加入剩下的打发稀奶油，搅拌均匀后马上使用。

焦糖饼干面团

10 将所有粉类和黄油一起放入厨师机的缸中，用叶桨搅拌成沙砾状；当看不到黄油质地的时候加入全蛋液，继续搅拌至面团出现。将面团压过四方刨，放入风炉，150℃烤20~25分钟，放在避潮的地方保存。

重组焦糖饼干沙布列

11 在厨师机的缸中放入焦糖饼干碎、烤熟的焦糖饼干面团、杏仁沙布列，搅拌至混合均匀。加入融化至50℃的可可脂和60%榛子帕林内，再次搅拌均匀。

蓝莓果糊

12 将冷冻蓝莓放入单柄锅中，慢慢加热至40℃，放入混合好的细砂糖和NH果胶粉，加热至沸腾后倒入盆中。用保鲜膜贴面包裹，放入冰箱冷藏（4℃）12小时。

组装与装饰

13 取出已经喷砂过蛋奶液的直径6厘米的小挞挞底（做法参考斑斓日本柚子小挞，挞圈直径6厘米）。借助小勺子放入8克重组焦糖饼干沙布列，用勺子压平整。

14 在重组焦糖饼干沙布列上放8克蓝莓果糊，抹平整后放入冰箱冷冻。

15 挤入烤布蕾慕斯，借助小弯抹刀将其抹平整后再次冷冻30分钟。

16 放上切成小块的黑加仑慕斯啫喱。

17 融化镜面果胶至50℃，用喷砂机将其均匀地喷在挞的表面，放入冰箱冷藏（4℃）1小时。

18 用青柠檬皮屑和薄荷叶装饰即可。

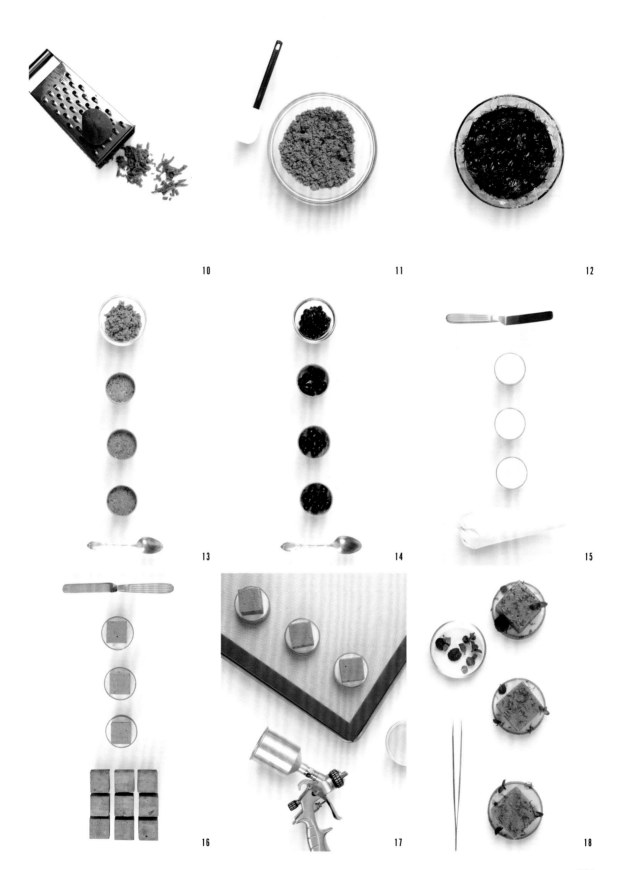

10

11

12

13

14

15

16

17

18

柠檬挞

杏仁沙布列

配方见P190

开心果酥脆

开心果膏　15克

杏仁坚果酱　87克

开心果碎　120克

薄脆　37.5克

盐之花　0.75克

可可脂　22.5克

柠檬奶油

鲜榨黄柠檬汁　75克

鲜榨青柠檬汁　14克

宝茸日本柚子果泥　12.5克

细砂糖　94克

全蛋　67.5克

蛋黄　45克

肯迪雅布列塔尼黄油片　125克

可可脂　55克

吉利丁混合物　24.5克

（或3.5克200凝结值吉利丁粉+21克泡吉利丁粉的水）

法式蛋白霜

蛋清　80克

细砂糖　80克

糖粉　80克

装饰

镜面果胶（配方见P190）

开心果粒

制作方法

杏仁沙布列

1 将制作好的杏仁沙布列擀成3毫米厚，放入冰箱冷藏冷却。用直径8厘米的刻模刻出形状，放在两张带孔硅胶烤垫中间。放入风炉，150℃烤20分钟。

法式蛋白霜

2 打发缸中加入蛋清和一半的细砂糖，使用球桨打发至表面出现大大小小的气泡眼，加入剩余的细砂糖，继续打发至中性发泡；加入过筛后的糖粉，用刮刀翻拌均匀。

3 将打发好的蛋白霜放入装有直径1.8厘米裱花嘴的裱花袋中。将蛋白霜裱挤在烤盘上，放入风炉，70℃烤1小时。

开心果酥脆

4 盆中放入可可脂、盐之花、开心果膏和杏仁坚果酱，隔水加热至化开并拌匀。加入开心果碎和薄脆，拌匀。擀成3毫米厚，放入冰箱冷冻，取出使用直径6厘米的刻模刻出形状。

柠檬奶油

5 盆中放入全蛋、蛋黄、细砂糖，搅拌均匀。单柄锅中加入鲜榨黄柠檬汁、鲜榨青柠檬汁、日本柚子果泥，煮沸后冲入拌匀的蛋液中，其间使用蛋抽搅拌，均匀受热。

6 将步骤5的混合物倒回单柄锅，中小火加热至82~85℃。离火，加入泡好水的吉利丁混合物，化开，降温至45℃左右。冲入装有黄油和可可脂的盆中，用均质机均质。

组装与装饰

7 直径7厘米的模具包上保鲜膜，内壁贴上宽1.8厘米、长18厘米的围边纸，放在盘子上；柠檬奶油装入裱花袋。

8 模具中挤入柠檬奶油。放入开心果酥脆，用弯柄抹刀抹平整，放入冰箱冷冻。

9 烤网架放在玻璃碗上，将步骤8冻硬的柠檬奶油脱模放在烤网架上。淋上化开的镜面果胶（45℃左右）。蛋糕托上放步骤1的杏仁沙布列，用弯柄抹刀将淋好面的蛋糕放在杏仁沙布列上。

10 蛋糕周围放步骤3的法式蛋白糖。最后放上开心果粒装饰即可。

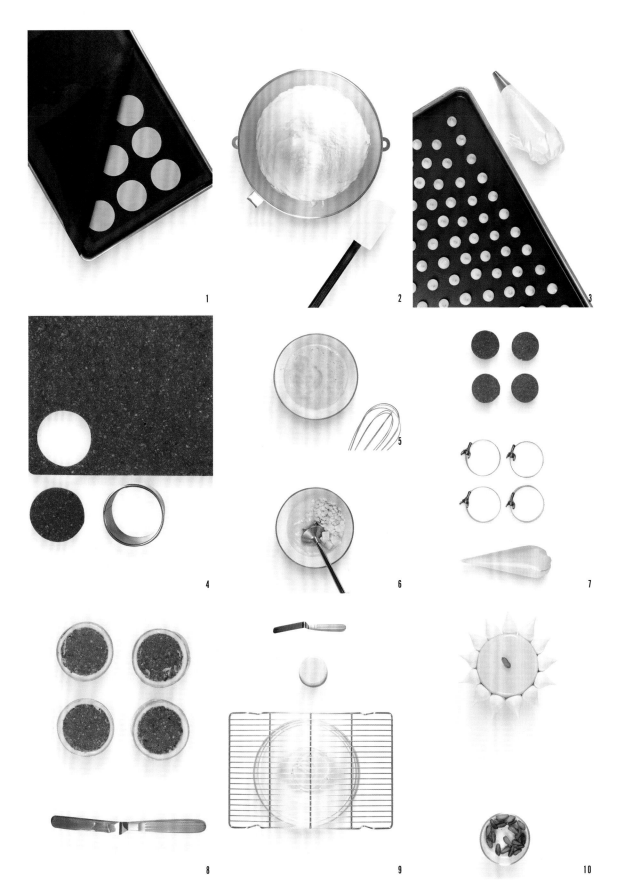

开心果凤梨挞

材料（可制作10个）

开心果挞壳

肯迪雅布列塔尼黄油片　120克

糖粉　86克

杏仁粉　30克

海盐　2克

王后T45法式糕点粉　200克

全蛋　42克

开心果膏　20克

凤梨奶油酱

宝茸凤梨果泥　300克

细砂糖　50克

蛋黄　76 克

吉利丁混合物　35克

（或5克200凝结值吉利丁粉+30克

泡吉利丁粉的水）

肯迪雅乳酸发酵黄油　40克

凤梨夹心

新鲜凤梨丁　250克

宝茸凤梨果泥　55克

转化糖浆　16.6克

香草荚　2/3根

细砂糖　32.5克

NH果胶粉　6.5克

鲜榨黄柠檬汁　5克

乔孔达杏仁比斯基

全蛋　166克

杏仁粉　126 克

细砂糖A　126克

蛋清　110克

细砂糖B　17克

王后T45法式糕点粉　32.4克

肯迪雅乳酸发酵黄油　27克

樱桃酒糖浆

水　60克

细砂糖　30克

樱桃酒　30克

开心果打发甘纳许

肯迪雅稀奶油A　150克

葡萄糖浆　10克

吉利丁混合物　18.2克

（或2.6克200凝结值吉利丁粉+15.6

克泡吉利丁粉的水）

柯氏白巧克力　80克

肯迪雅稀奶油B　245克

开心果膏　50克

装饰

巧克力围边

开心果

制作方法

开心果挞壳

1　打发缸中加入切成丁的冷藏黄油、糖粉、杏仁粉、海盐和糕点粉，用叶桨低速搅拌至类似杏仁粉的状态，加入全蛋和开心果膏，用叶桨低速搅拌成团。倒在干净的桌面上，用半圆刮刀上下碾压均匀。把面团揉搓成圆柱状，放在两张烘焙油布中间，擀成3毫米厚，放入冰箱冷藏。参照斑斓日本柚子小挞的步骤制作挞壳。

凤梨奶油酱

2　蛋黄和细砂糖混合搅拌均匀。单柄锅中加入凤梨果泥，煮沸后冲入蛋黄液中，使用蛋抽边倒边搅拌。混合物倒回单柄锅中，小火加热至82~85℃。离火，加入泡好水的吉利丁混合物，搅拌至化开。降温至约45℃，加入软化至膏状的黄油，均质后用保鲜膜贴面包裹，放入冰箱冷藏（4℃）凝固。

凤梨夹心

3　单柄锅中加入凤梨丁、凤梨果泥、转化糖浆和香草籽，加热至约45℃；倒入混匀的细砂糖和NH果胶粉，边倒边搅拌，煮沸后离火，加入黄柠檬汁，拌匀。用保鲜膜贴面包裹，放入冰箱冷藏（4℃）。

樱桃酒糖浆

4　单柄锅中加入水和细砂糖，煮沸，加入樱桃酒，拌匀。

乔孔达杏仁比斯基

5　打发缸中加入蛋清和细砂糖B，用球桨中速打发至坚挺的鹰钩状。另一个打发缸中加入全蛋、细砂糖A和过筛后的杏仁粉，用球桨高速打发至颜色发白、体积膨胀；分次加入打发蛋白，用刮刀拌匀。

6　加入过筛后的糕点粉，用刮刀拌匀。加入融化的黄油（约45℃），用刮刀拌匀。将面糊倒在铺有烘焙油布的烤盘上，用弯柄抹刀抹平整。放入风炉，200℃烤6~8分钟。出炉后，转移至网架上，冷却后用直径6厘米的刻模刻出形状。刷上樱桃酒糖浆。

开心果打发甘纳许

7　单柄锅中加入稀奶油A和葡萄糖浆，加热至80℃；离火，加入吉利丁混合物，搅拌至化开；冲入白巧克力中，用均质机均质；加入稀奶油B，用均质机均质；加入开心果膏，用均质机均质。

8　用保鲜膜贴面包裹，冷藏8小时后转移至厨师机中，打至八成发，装入带有玫瑰裱花嘴的裱花袋中。

组装与装饰

9　开心果挞壳中填入凤梨夹心。

10　填入凤梨奶油酱，用弯柄抹刀抹平整。

11　放上刷好樱桃酒糖浆的乔孔达杏仁比斯基。将挞放在唱片机上，挤上开心果打发甘纳许。

12　放上巧克力围边，最后用整颗开心果装饰即可。

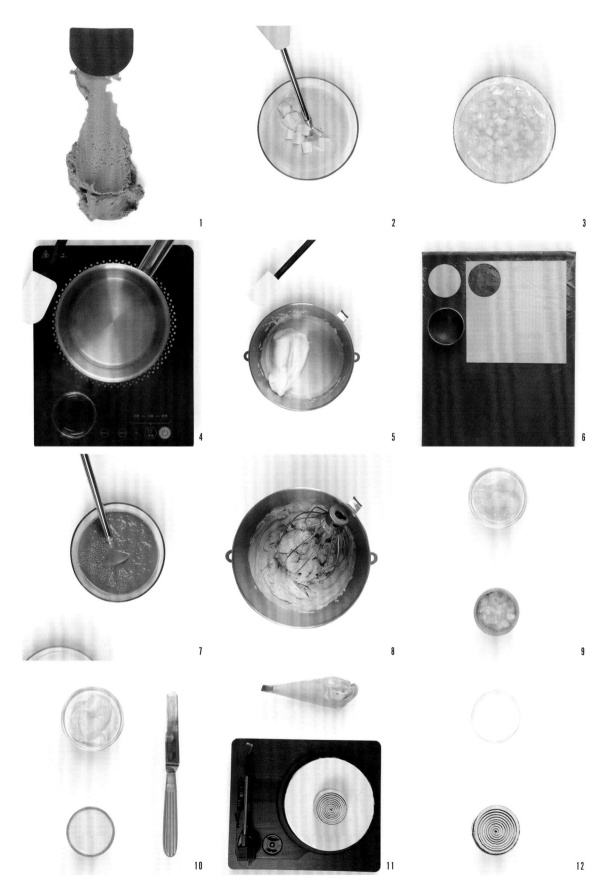

焦糖香橙蜂蜜小挞

材料（可制作10个）

反转酥皮

王后T65经典法式面包粉A　540克

盐之花　15克

蛋黄　54克

水　180克

肯迪雅稀奶油　186克

王后T65经典法式面包粉B　270克

肯迪雅乳酸发酵黄油　750克

基础香橙卡仕达酱

鲜榨橙汁　81克

橙子皮屑　5克

细砂糖　50克

全蛋　54克

蛋黄　36克

肯迪雅乳酸发酵黄油　100克

可可脂　44克

吉利丁混合物　18.9克

（或2.7克200凝结值吉利丁粉+16.2克泡吉利丁粉的水）

香橙轻奶油

基础香橙卡仕达酱（见左侧）　200克

肯迪雅稀奶油　100克

香橙焦糖

细砂糖　163.5克

葡萄糖浆　163.5克

肯迪雅稀奶油　300克

鲜榨橙汁　141克

橙子皮屑　5克

盐之花　3.5克

肯迪雅乳酸发酵黄油　135克

蜂蜜鱼子酱

配方见P210

制作方法

反转酥皮

1 面皮部分。事先将水和盐之花混合，将蛋黄和稀奶油混合，然后连同面包粉A放入厨师机的缸中。放上搓浆，用一号速度搅拌至面团出现。取出搓成球形，擀成边长25厘米的正方形，用保鲜膜贴面包裹，放入冰箱冷藏（4℃）12小时。

2 油皮部分。在厨师机的缸中放入黄油和面包粉B，用叶桨搅拌至面团出现。将面团平均分成两份，分别压成边长25厘米的正方形，放入冰箱冷藏（4℃）至少12小时。

3 将步骤1的面皮放在步骤2的两张油皮中间，用擀面杖压成6毫米厚，然后做一个3折，用保鲜膜包裹，放入冰箱冷藏（4℃）至少2小时。

4 将步骤3重复五次（总共需要折六个3折）。将面团压成3毫米厚，切割成两片长60厘米、宽40厘米的面片，放在两张烘焙油纸中间后放置在烤盘上，上方再压一个烤盘。

5 放入层炉，165℃上下火烤40~50分钟。烤好后避潮保存。

基础香橙卡仕达酱

6 将蛋黄和全蛋混合，用蛋抽搅打后倒入单柄锅中，加入鲜榨橙汁、橙子皮屑和细砂糖，搅拌均匀后加热至微沸。加入泡好水的吉利丁混合物，搅拌至化开；加入可可脂，均质乳化。加入凉的黄油块，再次均质乳化后过筛，去除橙子皮屑。倒入盆中，用保鲜膜贴面包裹，放入冰箱冷藏（4℃）。

香橙轻奶油

7 在厨师机的缸中放入稀奶油，用球桨打发后放入冰箱冷藏（4℃）备用。将基础香橙卡仕达酱过筛，取出需要的重量后用蛋抽搅拌均匀；加入1/4的打发稀奶油，用蛋抽搅拌均匀后加入剩下的打发稀奶油，用软刮刀翻拌均匀。倒入盆中，用保鲜膜贴面包裹，放入冰箱冷藏（4℃）。

香橙焦糖

8 在单柄锅中倒入稀奶油和葡萄糖浆，加热至沸腾。在另一个单柄锅中倒入鲜榨橙汁和橙子皮屑，加热至沸腾。在第三个单柄锅中用细砂糖煮成干焦糖，加入黄油，搅拌均匀后加入盐之花以及前两个单柄锅中的混合物，再次加热煮至103~104℃。煮好后用均质机均质乳化，过筛至盆中，用保鲜膜贴面包裹，放入冰箱冷藏（4℃）12小时。

组装与装饰

9 用锯齿刀将步骤5烤好的酥皮切割成长5厘米、宽2厘米的长方形和直径8厘米的圆形。将长5厘米、宽2厘米的长方形酥皮放入直径12厘米的圆形模具中，再将直径8厘米的圆形酥皮放在中间。

10 挤入香橙轻奶油和香橙焦糖。

11 再次补入香橙轻奶油。

12 最后放上蜂蜜鱼子酱即可。

咖啡榛子弗朗

材料（可制作3个直径12厘米、高3.5厘米的成品）

弗朗甜酥面团
肯迪雅乳酸发酵黄油　140克

糖粉　130克

杏仁粉　45克

全蛋　80克

王后T55传统法式
面包粉　270克

玉米淀粉　90克

盐之花　2克

弗朗可可甜酥面团
肯迪雅乳酸发酵黄油　140克

糖粉　130克

杏仁粉　45克

全蛋　80克

王后T55传统法式
面包粉　250克

玉米淀粉　90克

可可粉　20克

盐之花　2克

咖啡弗朗液
全脂牛奶　630克

咖啡豆　100克

香草荚　2根

黄糖　80克

黑糖　30克

蛋黄　140克

玉米淀粉　54克

肯迪雅稀奶油　150克

肯迪雅乳酸发酵黄油　90克

盐之花　2克

60%榛子帕林内
配方见P34

装饰
镜面果胶（配方见P190）

榛子屑

制作方法　　弗朗甜酥面团/弗朗可可甜酥面团

1　将制作弗朗甜酥面团/弗朗可可甜酥面团的材料准备好，所有材料必须保持在4℃。在破壁机中放入所有干性原材料和黄油块，搅打至看不见黄油颗粒，加入打散的全蛋，继续搅打至面团出现。倒在桌面上后用手掌稍微按压混合，放在两张烘焙油布中间，擀压成3毫米厚，放入冰箱冷藏（4℃）12小时。

咖啡弗朗液

2　将制作咖啡弗朗液的材料准备好。将全脂牛奶和咖啡豆混合搅拌后放入冰箱冷藏（4℃）至少12小时，取出后过筛称取630克。单柄锅中倒入过滤后的咖啡牛奶和香草籽，加热至沸腾。在盆中将淀粉、黄糖和黑糖拌匀，加入蛋黄，倒入一半煮沸的香草牛奶混合物，搅拌均匀，再倒锅中回煮。确保混合物沸腾并黏稠后离火，加入黄油和盐之花，最后加入冷的稀奶油，均质细腻后马上使用。

组装与装饰

3　往直径10厘米的圆形硅胶模具中倒40克60%榛子帕林内，冷冻后脱模备用。

4　两种面团借助模具做出花纹，切割出长35厘米、宽3.5厘米的长条状面片和直径11厘米的圆形面片。

5　将带孔慕斯圈放在硅胶垫上，将长35厘米、宽3.5厘米的长条状面片沿着内壁放入，压紧后放入直径11厘米的圆形面片作为底部，将嵌好面片的模具冷冻至少1小时。

6　取出后倒入160克咖啡弗朗液，放入冻好脱模的60%榛子帕林内，再盖上160克咖啡弗朗液。整体放入冰箱冷冻至少12小时，取出放入风炉，170℃烤45~50分钟，然后转190℃烤5~7分钟至上色，烤好后放凉备用。

7　脱模后在表面抹上加热至50℃的镜面果胶，最后用刨丝器刨上榛子屑即可。

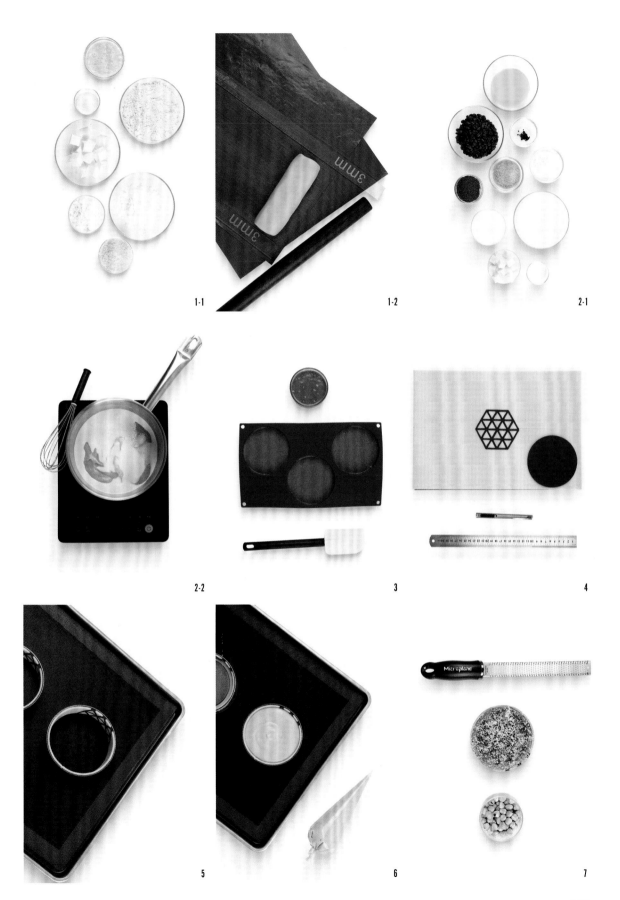

1-1

1-2

2-1

2-2

3

4

5

6

7

旅行蛋糕

椰香黑芝麻蛋糕

材料（可制作3个边长7.5厘米的方形蛋糕）

黑芝麻蛋糕面糊

全蛋　125克

细砂糖　150克

王后T55传统法式面包粉　62.5克

黑芝麻粉　30克

玉米淀粉　22.5克

杏仁粉　47.5克

椰蓉　35克

椰奶粉　25克

泡打粉　1克

葡萄籽油　35克

重奶油　45克

细盐　0.4克

黑芝麻酱　28克

椰香糖水

水　200克

椰子酒　100克

椰子香精　5克

椰香蛋糕面糊

全蛋　125克

细砂糖　150克

王后T55传统法式面包粉　65克

杏仁粉　55克

玉米淀粉　22.5克

椰蓉　55克

椰奶粉　22.5克

泡打粉　1.1克

葡萄籽油　45克

重奶油　65.5克

细盐　0.4克

黑芝麻白巧克力淋面

柯氏白巧克力　400克

葡萄籽油　60克

无糖黑芝麻膏　40克

竹炭粉　3克

装饰

黑色可可脂（配方见P37）

大理石花纹的巧克力配件

制作方法

椰香糖水

1 将水、椰子酒和椰子香精混合搅拌均匀，放入冰箱冷藏（4℃）备用。

黑芝麻蛋糕面糊

2 在厨师机的缸中放入全蛋、细砂糖和细盐，用叶桨搅拌至干材料完全融化后加入重奶油；加入过筛的粉类（面包粉、黑芝麻粉、玉米淀粉、杏仁粉、椰蓉、椰奶粉和泡打粉），搅拌均匀；加入混合均匀的葡萄籽油和黑芝麻酱，搅拌均匀后马上使用。

椰香蛋糕面糊

3 在厨师机的缸中放入全蛋、细砂糖和细盐，用叶桨搅拌至干材料完全融化后加入重奶油；加入过筛的粉类（面包粉、玉米淀粉、杏仁粉、椰蓉、椰奶粉和泡打粉），搅拌均匀；加入葡萄籽油，搅拌均匀后马上使用。

黑芝麻白巧克力淋面

4 将白巧克力融化至40~45℃，加入葡萄籽油、黑芝麻膏和竹炭粉。使用均质机搅打均匀，放在17℃的环境下结晶。

组装与装饰

5 用毛刷将软化的黄油抹匀在模具内部（模具型号SN2180），并用粉筛筛入面包粉，敲出多余的部分。在方形模具中沿对角放入一张纸。在一侧倒入170克椰香蛋糕面糊，在另一侧倒入170克黑芝麻蛋糕面糊。

6 取掉纸，将模具放入风炉中，170℃烤30~35分钟。

7 烤好后将蛋糕脱模放在网架上，表面用毛刷在6个面都刷上椰香糖水。用保鲜膜包裹，放在常温下降温，然后放入冰箱冷藏（4℃）12小时。

8 将黑芝麻白巧克力淋面温度调至30℃，将其淋在4℃的蛋糕上。用小抹刀去除掉多余的淋面，在20℃的环境中静置20分钟后放入冰箱冷藏（4℃）至少1小时。

9 将黑色可可脂的温度调温至27~28℃，用喷砂机喷在冰好的蛋糕表面，放上大理石花纹的巧克力配件即可。

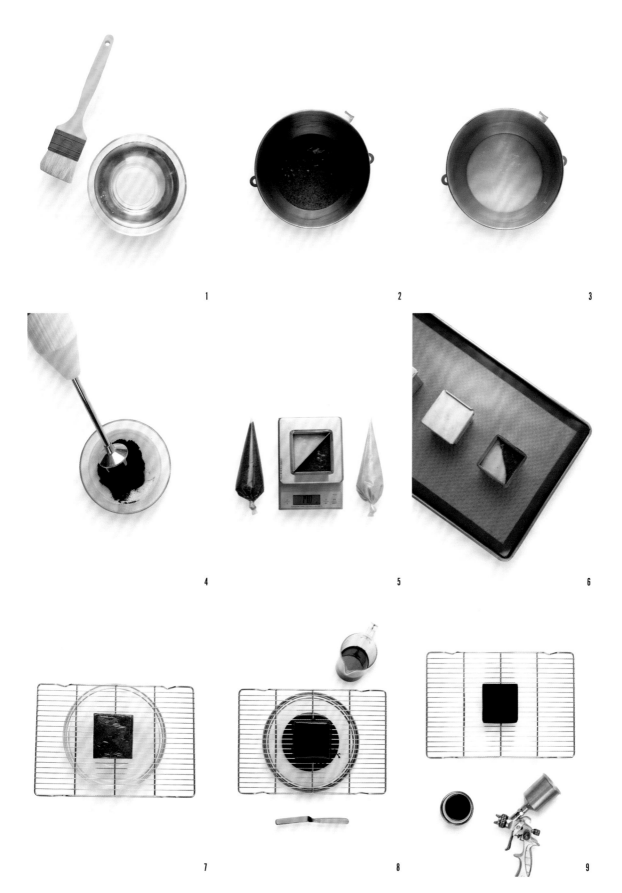

日本柚子抹茶蛋糕

材料（可制作3个边长7.5厘米的方形蛋糕）

日本柚子抹茶蛋糕面糊

细砂糖　280克

全蛋　200克

盐之花　0.4克

35%双重奶油　40克

王后T55传统法式面包粉　236克

泡打粉　7.2克

抹茶粉　20克

葡萄籽油　80克

宝茸日本柚子果泥　80克

日本柚子糖水

细砂糖　105克

水　135克

宝茸日本柚子果泥　60克

抹茶巧克力淋面

柯氏白巧克力　400克

葡萄籽油　100克

抹茶粉　20克

百香果法式水果软糖

宝茸百香果果泥　242.2克

宝茸杏桃果泥　173克

细砂糖A　43.2克

黄色果胶粉　10.4克

细砂糖B　443克

葡萄糖浆　121.2克

酒石酸水*　3.5克

*酒石酸水由50%酒石酸粉加50%水组成。

装饰

抹茶粉

制作方法

日本柚子抹茶蛋糕面糊

1 在厨师机中放入全蛋、细砂糖和盐之花，用叶桨搅拌至蛋液发白；加入双重奶油，加入过筛的面包粉、泡打粉和抹茶粉，搅拌均匀；慢慢加入日本柚子果泥，最后加入葡萄籽油，搅拌均匀后马上使用。

日本柚子糖水

2 在单柄锅中倒入水和细砂糖，加热至沸腾后放凉，然后放入日本柚子果泥，放入冰箱冷藏（4℃）备用。

抹茶巧克力淋面

3 将白巧克力融化至40~45℃，加入葡萄籽油和抹茶粉。用均质机均质细腻后在30℃时使用，放置在17℃的环境中结晶。

百香果法式水果软糖

4 在单柄锅中倒入百香果果泥和杏桃果泥，加热至40~50℃，加入过筛后的细砂糖A和黄色果胶粉，用蛋抽搅拌；加入葡萄糖浆后加热至沸腾；保持沸腾的前提下，慢慢加入细砂糖B，持续沸腾的情况再加入酒石酸水。

5 一起加热至107~108℃或糖度75度，倒入喷了脱模剂的方形模具（边长12厘米）中。在20~22℃的环境下放置12小时。用小刀切成大小不同的方形，裹上细砂糖（配方用量外）备用。

组装与装饰

6 在模具内部（模具型号SN2180）用毛刷将软化的黄油抹匀，并用粉筛筛入面粉后敲出多余的部分。模具中倒入320克日本柚子抹茶蛋糕面糊，将模具放入风炉，165℃烤30~35分钟。

7 烤好后将蛋糕脱模放在网架上，表面用毛刷在6个面都刷上日本柚子糖水，用保鲜膜包裹，放在常温环境下降温，然后放入冰箱冷藏（4℃）12小时。

8 将抹茶巧克力淋面的温度调至30℃，将其淋在4℃的蛋糕上。用小抹刀去除多余的淋面后撒上抹茶粉，然后在20℃的环境下静置20分钟，放入冰箱冷藏（4℃）至少1小时。

9 将蛋糕放在纸托上，放入切块的百香果法式水果软糖即可。

1

2

3

4

5

6

7

8

9

可可车厘子蛋糕

材料（可制作3个边长7.5厘米的方形蛋糕）

可可车厘子蛋糕面糊

全蛋　232.3克

转化糖浆　70克

细砂糖　116克

杏仁粉　70克

王后T55传统法式面包粉　111.8克

可可粉　23.8克

泡打粉　6.9克

肯迪雅稀奶油　111.8克

葡萄籽油　70克

柯氏72%黑巧克力　48.8克

酒渍车厘子　129克

耐烤黑巧克力豆　43克

车厘子糖水

酒渍车厘子酒　100克

水　100克

红色巧克力淋面

柯氏白巧克力　400克

葡萄籽油　100克

红色色粉　3克

装饰

红色可可脂（配方见P37）

黑巧克力碎

酒渍车厘子

制作方法

可可车厘子蛋糕面糊

1 将黑巧克力融化至50~55℃，加入葡萄籽油，搅拌均匀备用。
2 在厨师机的缸中放入全蛋、细砂糖和转化糖浆，用叶桨搅拌至细砂糖化开，加入过筛的粉类（面包粉、可可粉、泡打粉和杏仁粉）；搅拌并慢慢加入稀奶油和步骤1的混合物，加入对半切的酒渍车厘子和耐烤黑巧克力豆。

车厘子糖水

3 将酒渍车厘子过滤后的酒与水搅拌后放入冰箱冷藏（4℃）备用。

红色巧克力淋面

4 融化白巧克力至40~45℃，加入葡萄籽油和红色色粉，用均质机均质。
5 调温至30℃后使用，并在17℃的环境中结晶。

组装与装饰

6 用毛刷将软化的黄油均匀涂在模具内部（模具型号SN2180），用粉筛筛入面包粉后敲出多余的部分。往模具中倒入320克可可车厘子蛋糕面糊，将模具放入风炉中，170℃烤30~35分钟。
7 烤好后将蛋糕脱模放在网架上，表面用毛刷在6个面都刷上车厘子糖水，用保鲜膜包裹，放在常温环境中降温。然后放入冰箱冷藏（4℃）12小时。
8 将红色巧克力淋面的温度调至30℃，淋在4℃的蛋糕上。用小抹刀去除多余的淋面后放上黑巧克力碎作为装饰，然后在20℃的环境下静置20分钟，放入冰箱冷藏（4℃）至少1小时。
9 将红色可可脂调温至27~28℃，用喷砂机喷在冰好的蛋糕表面。最后放上酒渍车厘子装饰即可。

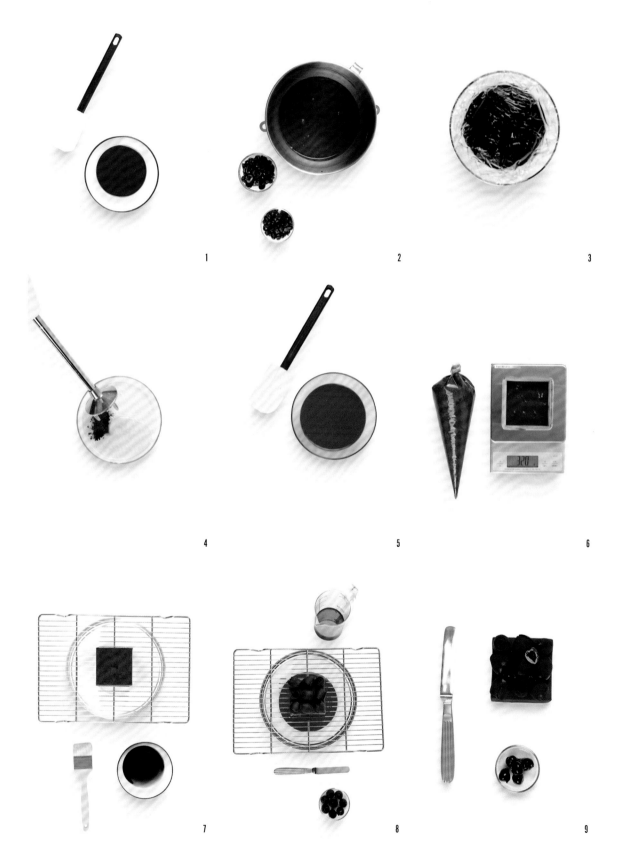

花生巧克力焦糖大理石

材料（可制作1个）

花生帕林内
细砂糖　150克

花生　200克

细盐　0.4克

花生蛋糕面糊
肯迪雅乳酸发酵黄油　120克

细砂糖　220克

花生帕林内（见上方）　100克

全蛋　100克

细盐　3克

肯迪雅稀奶油　180克

王后T55传统法式面包粉　190克

泡打粉　5克

可可蛋糕面糊
肯迪雅乳酸发酵黄油　120克

细砂糖　220克

可可粉　30克

全蛋　102克

细盐　3克

肯迪雅稀奶油　186克

王后T55传统法式面包粉　200克

泡打粉　5克

黑巧克力脆皮淋面
柯氏55%黑巧克力　400克

葡萄籽油　100克

花生帕林内（见上方）　50克

黑巧克力甘纳许
肯迪雅稀奶油　300克

转化糖浆　50克

柯氏55%黑巧克力　190克

花生帕林内（见上方）　50克

杏仁酥粒
肯迪雅乳酸发酵黄油　100克

细砂糖　100克

杏仁粉　100克

王后T55传统法式面包粉　120克

焦糖块
肯迪雅稀奶油　100克

葡萄糖浆　50克

细砂糖　200克

盐之花　3克

肯迪雅乳酸发酵黄油　150克

装饰
烘烤过的花生

防潮糖粉

制作方法

小贴士
所有的原材料必须
是常温状态，如果
有原材料温度太低
会导致蛋糕面糊
分离。

小贴士
最好使用微波炉来
融化淋面，微波炉
的功率不要太高，
时间不要太久，慢
慢融化防止温度
过高。

花生蛋糕面糊

1 在厨师机的缸中放入软化黄油、花生帕林内（做法参考P34的60%榛子帕林内）、细砂糖和细盐，用叶桨搅拌成奶油质地；加入全蛋，拌匀后倒入过筛的面包粉和泡打粉；拌匀后分次加入稀奶油，拌匀后放入裱花袋中备用。

可可蛋糕面糊

2 在厨师机的缸中放入软化黄油、细砂糖和细盐，中速搅拌均匀；加入全蛋，拌匀；倒入过筛的可可粉、面包粉和泡打粉，拌匀；分次加入稀奶油，拌匀后放入裱花袋中备用。

黑巧克力甘纳许

3 将稀奶油和转化糖浆倒入单柄锅中，加热至75~80℃，倒在黑巧克力上并用均质机将其均质乳化；加入花生帕林内，再次均质乳化，倒在盆中，用保鲜膜贴面包裹，放在17℃的环境中静置至少12小时使其完成结晶。

黑巧克力脆皮淋面

4 将黑巧克力融化至40~45℃，加入葡萄籽油和花生帕林内并均质，使用时将淋面加热至30~32℃，倒在4℃的大理石蛋糕的表面。

杏仁酥粒

5 在厨师机的缸中放入制作杏仁酥粒的所有材料，用叶桨中速搅拌至出现面团。将面团放在长20厘米、宽20厘米、高1厘米的慕斯框内，用擀面杖擀均匀，然后放入冰箱冷藏（4℃）至少12小时。取出后脱模，切割成边长1厘米的小立方体，放在硅胶垫上。再盖一张硅胶垫后放入风炉，150℃烤20~25分钟，烤好后取出备用。

焦糖块

6 在单柄锅中放入细砂糖，煮成焦糖色后加入黄油。在另一个单柄锅中，倒入稀奶油、盐之花和葡萄糖浆，加热至沸腾后慢慢倒在焦糖上，拌匀后加热至130℃。将混合物倒在放有边长20厘米正方形慕斯框的硅胶垫上，在20~22℃的环境中放置12小时至冷却，切成边长1厘米的小方块。

组装与装饰

7 在模具内（模具型号SN2085）涂一层黄油，撒一层面粉，放一张切割成长方形的烘焙油布。

8 把模具放在电子秤上，以W形挤入100克花生蛋糕面糊，再以M形挤入100克可可蛋糕面糊。再重复3遍，直至总重量达到800克。

9 用竹签在面糊里画S形。将软化的黄油装入裱花袋，并在面糊中间挤一条，放入风炉，165℃烤70~80分钟。

10 用小刀检查是否烤熟，烤好后脱模放在常温下降温约10分钟，用保鲜膜包裹直至完全降温，然后放入冰箱冷藏（4℃）12小时。

11 将黑巧克力脆皮淋面升温至30~32℃，将蛋糕从冰箱取出，去掉保鲜膜后放在网架上淋面，放置20分钟结晶。切割成3厘米厚的片，将黑巧克力甘纳许放入装有SN7029裱花嘴的裱花袋中。

12 将黑巧克力甘纳许挤在蛋糕上，放上烤好的杏仁酥粒和焦糖块，最后放一些烘烤过的花生和防潮糖粉即可。

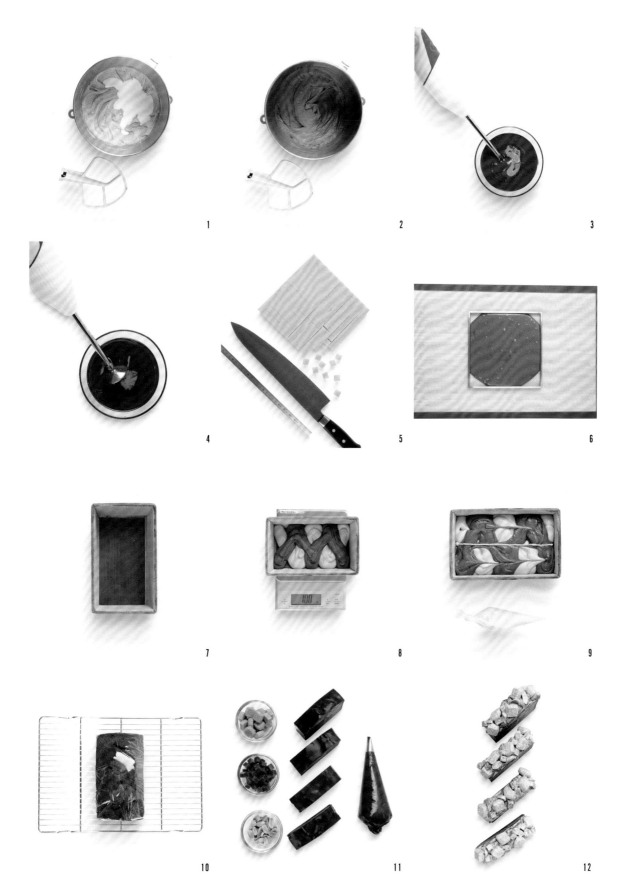

巴斯克

材料（可制作1个）

肯迪雅奶油奶酪　422克

香草荚　1根

海盐　2.2克

细砂糖　86克

玉米淀粉　14克

蛋黄　21克

全蛋　161克

肯迪雅稀奶油　289.5克

鲜榨黄柠檬汁　4克

制作方法

1　将制作巴斯克的材料准备好。

2　用湿毛巾软化油纸，将油纸放进6寸活底模具中，贴紧底部，将边上多余的油纸重叠，贴紧模具边，备用。

3　软化奶油奶酪：奶油奶酪用保鲜膜包成厚薄一致，放入微波炉中火软化，时间30~60秒。

4　料理机中加入软化的奶油奶酪、从香草荚中取出的香草籽、海盐、细砂糖、过筛的玉米淀粉，低速搅打均匀。

5　加入蛋黄、全蛋，低速搅打均匀。

6　加入稀奶油、柠檬汁，低速搅打均匀。

7　面糊过筛。

8　将面糊倒入模具中，放入风炉，220℃烤20分钟，转炉继续烤5分钟（或者平炉上火240℃、下火220℃烤25分钟）。出炉后放在网架上，冷却后用保鲜膜包裹，放入冰箱冷藏。

9　冷却后脱模即可。

小贴士

制作巴斯克面糊时，需低速搅打均匀，不可进入气泡，否则会导致口感不够细滑。

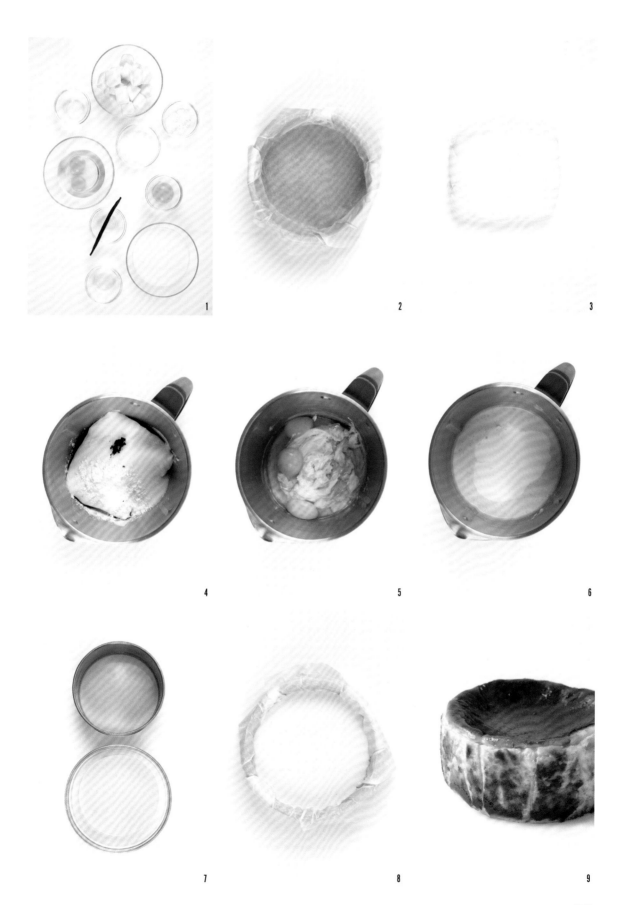

柠檬玛德琳

材料（可制作8个）

肯迪雅乳酸发酵黄油　78.5克

全蛋　77克

细盐　0.7克

细砂糖　67克

蜂蜜　8克

黄柠檬皮屑　8克

王后T45法式糕点粉　69克

杏仁粉　8克

泡打粉　3.8克

制作方法

1　将制作柠檬玛德琳的材料准备好。

2　黄油加热至化开，保持50~60℃。

3　全蛋、细盐、细砂糖、蜂蜜和黄柠檬皮屑放入一个盆中，用蛋抽搅拌均匀。

4　糕点粉、杏仁粉和泡打粉混合均匀，过筛。

5　步骤4的混合物倒入步骤3的容器中，搅拌均匀。

6　分两次加入步骤2的黄油，搅拌均匀。

7　用保鲜膜贴面包裹，放入冷藏冰箱3~48小时。

8　玛德琳模具均匀喷上脱模油。

9　将步骤7的面糊翻拌均匀，装入裱花袋，裱挤在模具里（每个30克），放入风炉，190℃烤6分钟，转炉3分钟即可。

小贴士

玛德琳面糊制作完成后，最好放冰箱冷藏隔夜后再烘烤，这样可以使玛德琳原材料之间的融合度更好，口感更加油润。

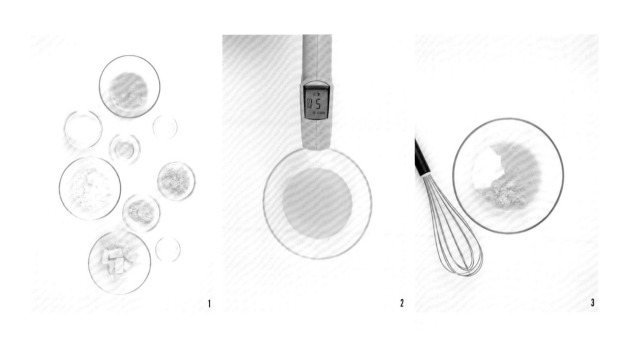

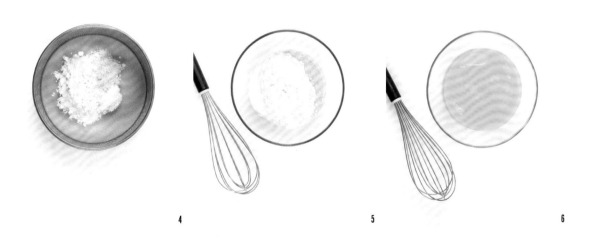

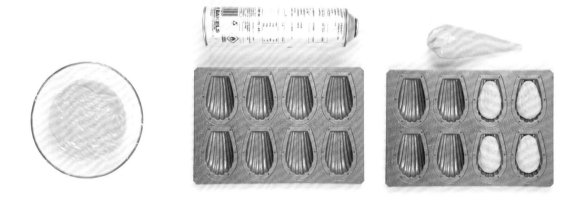

树莓可可费南雪

材料（可制作8个）

可可费南雪面糊

肯迪雅乳酸发酵黄油　65克

蛋清　74克

转化糖浆　11克

糖粉　78克

海盐　1.5克

王后T45法式糕点粉　11克

可可粉　17克

杏仁粉　54克

全脂牛奶　5克

树莓啫喱

宝茸树莓果泥　96克

树莓颗粒　33克

葡萄糖浆　15克

细砂糖　30克

325NH95果胶粉　2.5克

鲜榨黄柠檬汁　14克

装饰

耐烤黑巧克力豆

制作方法

树莓啫喱

1　将制作树莓啫喱的材料准备好。

2　细砂糖与325NH95果胶粉混拌均匀；单柄锅中加入树莓果泥、树莓颗粒和葡萄糖浆，加热至45℃左右。将糖和果胶粉的混合物加入单柄锅中，边倒边搅拌；中小火煮沸，其间使用蛋抽搅拌。加入鲜榨黄柠檬汁，搅拌均匀。用保鲜膜贴面包裹，放入冰箱冷藏凝固。

可可费南雪面糊

小贴士

费南雪面糊烘烤完成后，需马上转移至凉的烤盘上，防止热的模具使费南雪继续受热，导致口感变干。

3　将制作可可费南雪面糊的材料准备好。

4　蛋清、转化糖浆、糖粉和海盐加入盆中，搅拌均匀。

5　糕点粉、可可粉和杏仁粉混合均匀，过筛后倒入步骤4的容器中，搅拌均匀。

6　将黄油加热至化开（保持50~60℃），分两次加入步骤5的材料中，搅拌均匀。

7　加入牛奶，搅拌均匀；用保鲜膜贴面包裹，放入冷藏冰箱3~48小时。

8　费南雪模具均匀喷上一层脱模油。

9　可可费南雪面糊翻拌均匀，放入装有圆形花嘴的裱花袋中；树莓啫喱用蛋抽搅拌均匀，装入裱花袋；先将面糊裱挤入模具中（每个15克），之后挤上5克树莓啫喱，最后挤20克面糊。表面放上耐烤黑巧克力豆，放入风炉，190℃烤8分钟，转炉2分钟。出炉后，立马转移至凉的烤盘上冷却即可。

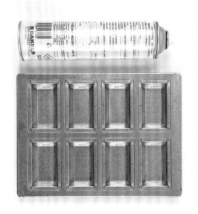

榛子费南雪

材料（可制作6个）

榛味黄油　65克

蛋清　65克

蜂蜜　3克

细砂糖　68克

王后T45法式糕点粉　20克

焙烤榛子粉　40克

制作方法

1　将制作榛子费南雪的材料准备好。

2　榛味黄油加热至化开，保持50~60℃。

3　蛋清、蜂蜜和细砂糖放入盆中，搅拌均匀。

4　糕点粉和焙烤榛子粉搅拌均匀，过筛。

5　将步骤4的材料倒入步骤3的容器中，搅拌均匀。

6　将步骤2的榛味黄油分两次加入步骤5的材料中，搅拌均匀。

7　用保鲜膜贴面包裹，放入冰箱冷藏3~48小时。

8　费南雪模具均匀喷上一层脱模油。

9　将面糊翻拌均匀，装入裱花袋中，裱挤入模具中（每个37~39克），放入风炉，190℃
　　烤8分钟，转炉2分钟即可。

小贴士

使用"焙烤榛子粉"，榛子香味更足。

黑糖蛋糕

材料（可制作4个）

蛋黄　498克

全蛋　171克

细砂糖　366克

海藻糖　60克

黑糖酱　60克

海盐　3克

玉米淀粉　120克

王后T45法式糕点粉　210克

泡打粉　6克

肯迪雅乳酸发酵黄油　540克

制作方法

1 将制作黑糖蛋糕的材料准备好。

2 蛋黄、全蛋、细砂糖、海藻糖和海盐放入打发缸，隔水加热至36~40℃。

3 使用球桨打发至颜色发白，滴落下的面糊有堆叠感，且回落缓慢。

4 加入黑糖酱，低速搅打均匀。

5 加入过筛混匀的玉米淀粉、糕点粉和泡打粉，用刮刀翻拌均匀。

6 分次加入融化的黄油（40~50℃），搅拌均匀。

7 模具里喷上脱模油，模具内侧和模具底部贴上油纸。

8 将面糊倒入模具中，稍微震模。放入平炉，上火170℃，下火160℃，烤23分钟；然后将下火温度调整为0℃，上火保持不变，再烤25分钟。出炉稍微震模，放在网架上冷却。

9 将蛋糕脱模即可。

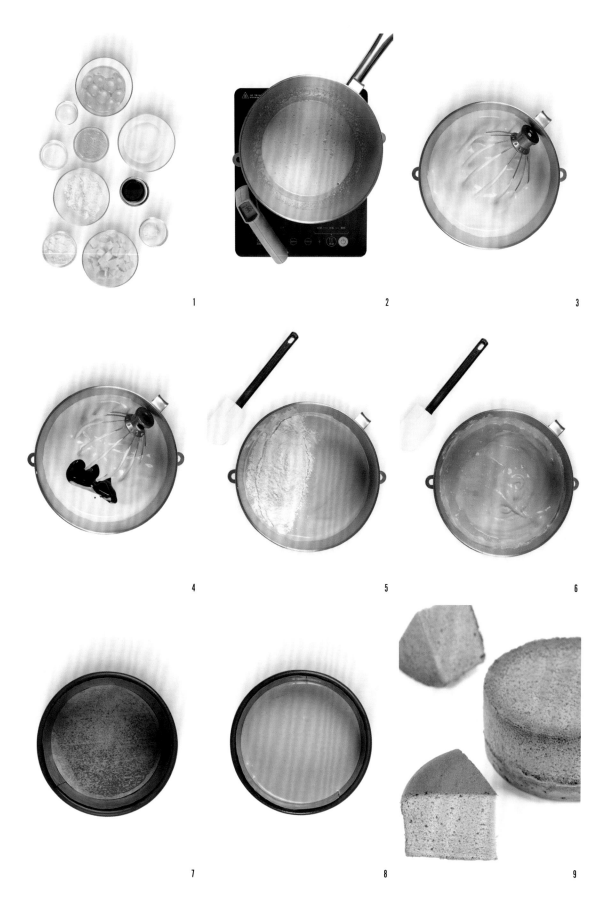

1   2   3

4   5   6

7   8   9

咖啡乳酪可可马卡龙

材料（可制作8个）

可可马卡龙壳

糖粉　239克

杏仁粉　225克

可可粉　56克

蛋清A　90克

细砂糖A　42克

蛋清B　90克

细砂糖B　200克

水　64克

日本柚子奶油奶酪馅

肯迪雅奶油奶酪　200克

糖粉　20克

肯迪雅乳酸发酵黄油　75克

宝茸日本柚子果泥　25克

宝茸佛手柑果泥　5克

咖啡甘纳许

肯迪雅稀奶油　240克

咖啡豆　24克

速溶黑咖啡粉　2克

海盐　0.5克

柯氏43%牛奶巧克力　65克

柯氏55%黑巧克力　20克

肯迪雅乳酸发酵黄油　22克

咖啡力娇酒　10克

制作方法

可可马卡龙壳

1　糖粉、杏仁粉和可可粉混合过筛。加入蛋清A，用刮刀压拌均匀。

2　蛋清B和细砂糖A放入打发缸中，打发至湿性发泡；细砂糖B加水熬至116~121℃，沿打发缸边缘呈线状将糖浆冲入，其间用球桨中高速打发，均匀受热。将蛋清B打发至坚挺的鹰钩状，转低速搅拌，降温至约45℃。将1/3的蛋白霜加入步骤1的材料中，用刮刀翻拌均匀。

3　再加入1/3的蛋白霜，用刮刀翻拌均匀；加入剩余的全部蛋白霜，用刮刀翻拌均匀。将面糊翻拌至顺滑的飘带状，此时滴落下的面糊能够堆叠。

4　将马卡龙面糊放入装有直径1厘米圆形花嘴的裱花袋中，烤盘铺上干净的烘焙油布；裱挤上马卡龙面糊。放入风炉，150℃烤1~2分钟，吹至表面结成薄薄的壳；之后风炉保持150℃，再烤9分钟。出炉后转移至网架上，放置冷却。

咖啡甘纳许

5　稀奶油放入单柄锅中，煮沸；加入敲碎的咖啡豆，焖15分钟。过滤出咖啡豆渣，补齐稀奶油至240克。加入速溶黑咖啡粉、海盐，煮沸。

6　冲入装有牛奶巧克力和黑巧克力的盆中，用均质机均质；加入软化至膏状的黄油，用均质机均质；加入咖啡力娇酒，用均质机均质。用保鲜膜贴面包裹，放入冰箱冷藏。

日本柚子奶油奶酪馅

7　奶油奶酪包保鲜膜，放入微波炉中，中火软化。加入糖粉、软化至膏状的黄油，用刮刀拌匀。加入佛手柑果泥、日本柚子果泥，拌匀。

组装

8　咖啡甘纳许用蛋抽搅拌至顺滑，放入装有直径1厘米圆形裱花嘴的裱花袋中；日本柚子奶油奶酪馅搅拌顺滑，放入裱花袋中；可可马卡龙壳配对。沿着马卡龙壳的边缘挤上咖啡甘纳许，中间再挤薄薄一层咖啡甘纳许。

9　中间挤入日本柚子奶油奶酪馅；另外一个马卡龙壳底部中间挤薄薄一层咖啡甘纳许；将两片马卡龙壳组装在一起即可。

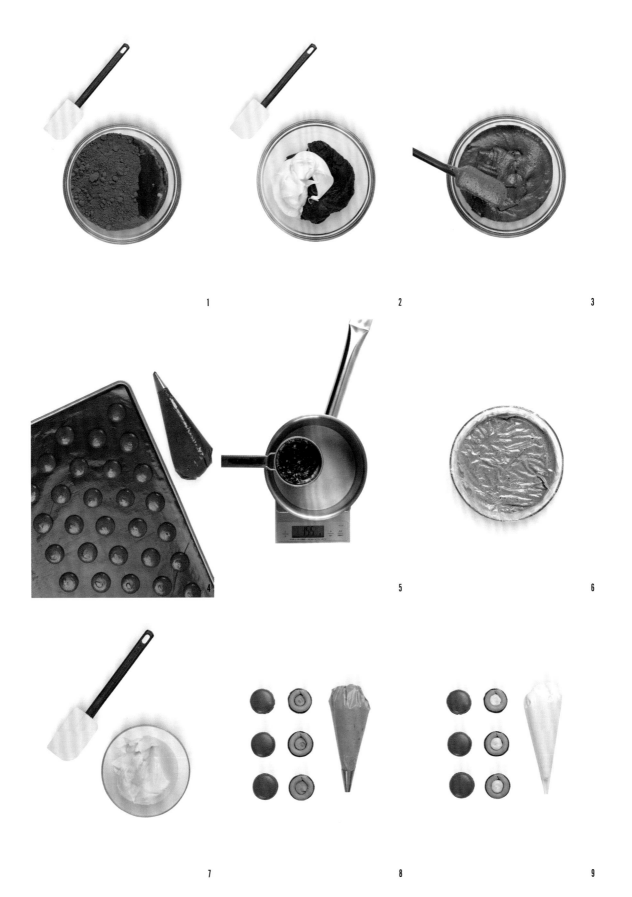

巧克力可露丽

材料（可制作11个）

全脂牛奶　500克

可可膏　50克

肯迪雅乳酸发酵黄油　25克

香草荚　1/2根

细砂糖A　125克

王后T45法式糕点粉　125克

细砂糖B　125克

全蛋　25克

蛋黄　60克

黑朗姆酒　50克

制作方法

1　将制作巧克力可露丽的材料准备好。

2　把香草荚剖开，刮出香草籽。将全脂牛奶、黄油、香草籽、香草荚、可可膏和细砂糖A混合，加热至黄油化开，温度约60℃。

3　糕点粉过筛，加入细砂糖B，搅拌均匀；倒入一半步骤2的混合物，搅拌均匀；继续加入剩余的混合物，边倒边搅拌。

4　加入全蛋、蛋黄，搅拌均匀。

5　加入黑朗姆酒，搅拌均匀。

6　用保鲜膜贴面包裹，放入冰箱冷藏12~72小时。

7　冷藏后的面糊搅拌均匀，过筛，倒入盆中。

8　可露丽模具用毛刷均匀刷上一层软化黄油；将面糊倒入模具中（每个80克）。放入风炉，210℃烤18分钟；将温度调整为180℃（无须开炉门），再烤32分钟。

9　出炉后，立即脱模，放在网架上冷却即可。

小贴士

可露丽面糊制作完成后，放入冰箱冷藏至少12小时，这样面糊熟成且稳定，不易出现白头。

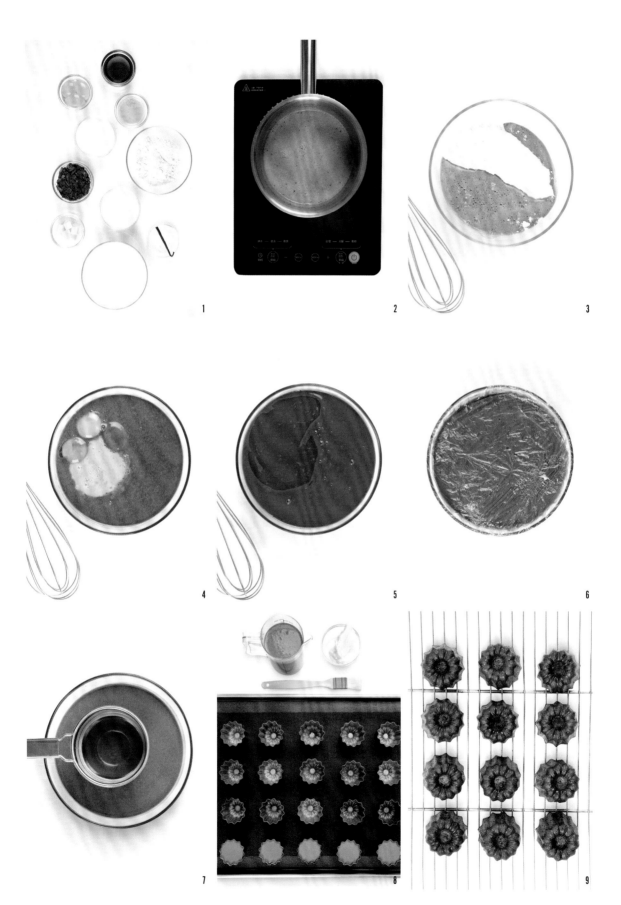

香草朗姆可露丽

材料（可制作11个）

全脂牛奶　500克

肯迪雅乳酸发酵黄油　25克

香草荚　1/2根

细砂糖A　125克

王后T45法式糕点粉　125克

细砂糖B　125克

全蛋　25克

蛋黄　60克

黑朗姆酒　80克

制作方法

1 将制作香草朗姆可露丽的材料准备好。

2 把香草荚剖开，刮出香草籽。将全脂牛奶、黄油、香草籽、香草荚、细砂糖A混合，加热至黄油化开，温度控制在60℃。

3 糕点粉过筛，加入细砂糖B，搅拌均匀；倒入一半步骤2的混合物，搅拌均匀；继续加入剩余的混合物，边倒边搅拌。

4 加入全蛋、蛋黄，搅拌均匀。

5 加入黑朗姆酒，搅拌均匀。

6 用保鲜膜贴面包裹，放入冰箱冷藏12~72小时。

7 冷藏后的面糊搅拌均匀，过筛，倒入量杯中。

8 可露丽模具用毛刷均匀刷一层软化黄油；面糊倒入模具中（每个80克）。放入风炉，210℃烤18分钟；将温度调整为180℃（无须开炉门），再烤25分钟。

9 出炉后立即脱模，放在网架上冷却即可。

小贴士

可露丽模具的清洗：可在模具内壁厚刷一层黄油，开口朝下放在烤网架上，放入风炉，200℃烤10分钟即可。

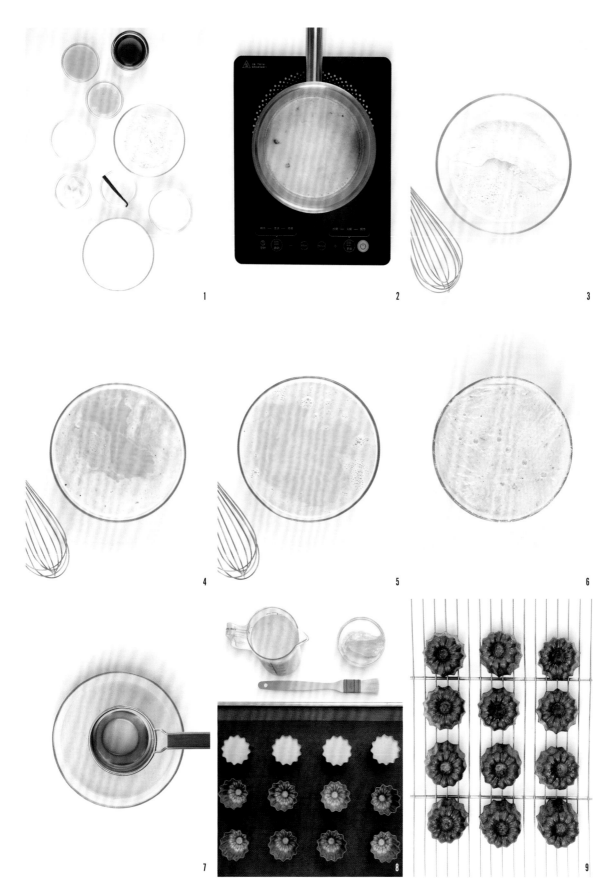

无花果蜜兰香马卡龙

材料（可制作30个）

马卡龙壳

糖粉　250克

杏仁粉　250克

蛋清A　87.5克

蛋清B　95克

柠檬酸　1克

细砂糖　250克

水　64克

水溶性黄色色素　适量

水溶性绿色色素　适量

蜜兰香黄油霜

蛋清　150克

细砂糖A　5克

海盐　1克

细砂糖B　40克

水　16克

肯迪雅乳酸发酵黄油　150克

全脂牛奶　50克

蜜兰香乌龙茶　12克

无花果啫喱

无花果　200克

宝茸树莓果泥　70克

细砂糖　30克

NH果胶粉　1克

制作方法

马卡龙壳

1 在打发缸中将蛋清B打发至湿性发泡；细砂糖加水熬至116~121℃，沿打发缸的边缘将糖浆线状冲入，其间用球桨中高速打发，均匀受热；把蛋清B打发至坚挺的鹰钩状，转低速搅拌，降温至约45℃。

2 糖粉、杏仁粉、水溶性黄色色素、水溶性绿色色素混合过筛，加入蛋清A，用刮刀压拌均匀，先加入1/3的步骤1的蛋白霜，用刮刀翻拌均匀；再加入1/3的蛋白霜，用刮刀翻拌均匀；最后加入剩余的全部蛋白霜，用刮刀翻拌均匀。将面糊翻拌至顺滑的飘带状，此时滴落下的面糊能够堆叠。

3 将马卡龙面糊放入装有直径1厘米圆形裱花嘴的裱花袋中，烤盘铺上干净的烘焙油布；裱挤上马卡龙面糊。放入风炉，150℃烤1~2分钟，吹至表面结成薄薄的壳；之后风炉保持150℃，再烤9分钟。出炉后转移至网架上，放置冷却。

蜜兰香黄油霜

4 全脂牛奶加热至80℃，加入蜜兰香乌龙茶浸泡10分钟。过滤出茶叶，将全脂牛奶补齐至50克。

5 打发缸中加入蛋清、细砂糖A和海盐，打发至湿性发泡。

6 单柄锅中加入细砂糖B和水，熬至116~121℃，沿打发缸的边缘冲入步骤5的材料中，其间使用球桨中高速打发至坚挺的鹰钩状。分次加入软化至膏状的黄油，每次搅打均匀后再加下一次。继续打发黄油至颜色发白、体积膨胀，将步骤4的牛奶分次加入，混合拌匀。

无花果啫喱

7 单柄锅中加入切块的无花果、树莓果泥，加热至约45℃。加入混匀的细砂糖和NH果胶粉，边倒边搅拌。煮沸，用保鲜膜贴面包裹，放入冰箱冷藏。

组装

8 蜜兰香黄油霜放入装有直径1厘米圆形裱花嘴的裱花袋中；无花果啫喱搅拌顺滑，放入裱花袋中；马卡龙壳配对。马卡龙壳沿边缘挤上蜜兰香黄油霜，中间挤薄薄一层蜜兰香黄油霜。

9 中间挤入无花果啫喱；另外一个马卡龙壳底部中间挤薄薄一层蜜兰香黄油霜；将两片马卡龙壳组装在一起即可。

椰子饼干

材料（可制作56个）

椰子饼干面糊
肯迪雅乳酸发酵黄油　100克
粗颗粒黄糖　60克
王后T45法式糕点粉　130克
杏仁粉　50克
椰丝　20克
细盐　1克

装饰
椰丝

制作方法

1 将制作椰子饼干面糊的材料准备好。
2 糕点粉、杏仁粉和椰丝放入料理机中，打成粉。
3 厨师机的打发缸中加入切成小丁的黄油（冷藏状态）、粗颗粒黄糖、步骤2的混合物、细盐，使用叶桨全程低速搅拌。
4 搅拌成团后倒在桌面上，揉搓均匀。
5 面团搓成圆柱状。
6 用圆形刮板整理成三角形。
7 包上油纸，放入冰箱冷藏半小时定形。
8 从冰箱中取出，切成宽1厘米的片。
9 蘸上椰丝，放在铺有带孔烤垫的烤盘上，放入风炉，150℃烤15分钟，转炉继续烘烤5分钟即可。

小贴士
制作面糊时，需注意观察黄油的状态：黄油不可打发；温度不可过高，否则黄油易融化，导致饼干烘烤后出油。

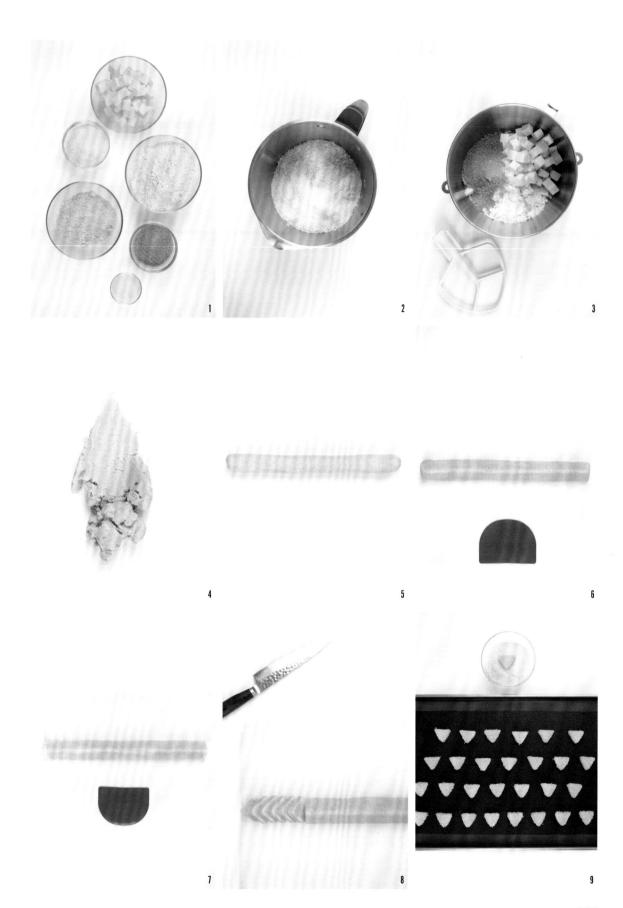

黄金芝士曲奇饼干

材料（可制作100个）

肯迪雅乳酸发酵黄油　300克

糖粉　80克

细盐　6克

王后T45法式糕点粉　187克

黄金芝士粉　60克

玉米淀粉　67克

王后柔风甜面包粉　97克

制作方法

1　将制作黄金芝士曲奇饼干的材料准备好。

2　黄油室温软化至膏状；厨师机的打发缸中加入黄油、糖粉和细盐。

3　用叶桨高速打发至颜色发白、体积膨胀。

4　糕点粉、黄金芝士粉、玉米淀粉和面包粉过筛，混合均匀。

5　将一半的步骤4的混合物加入步骤3的材料中，用刮刀翻拌均匀。

6　加入剩余的步骤4的混合物，用刮刀翻拌均匀。

7　将面团倒在桌面上，使用圆形刮板从上往下碾压，将面团刮细腻。

8　把面团整成圆柱形，放在5毫米的厚度尺中间，用擀面杖擀平整，放入冰箱冷藏定形。

9　用波浪形刻模刻出形状，放在铺有带孔硅胶垫的烤盘上。放入风炉，150℃烤15分钟，转炉继续烘烤 5分钟 ，出炉后放在网架上冷却即可。

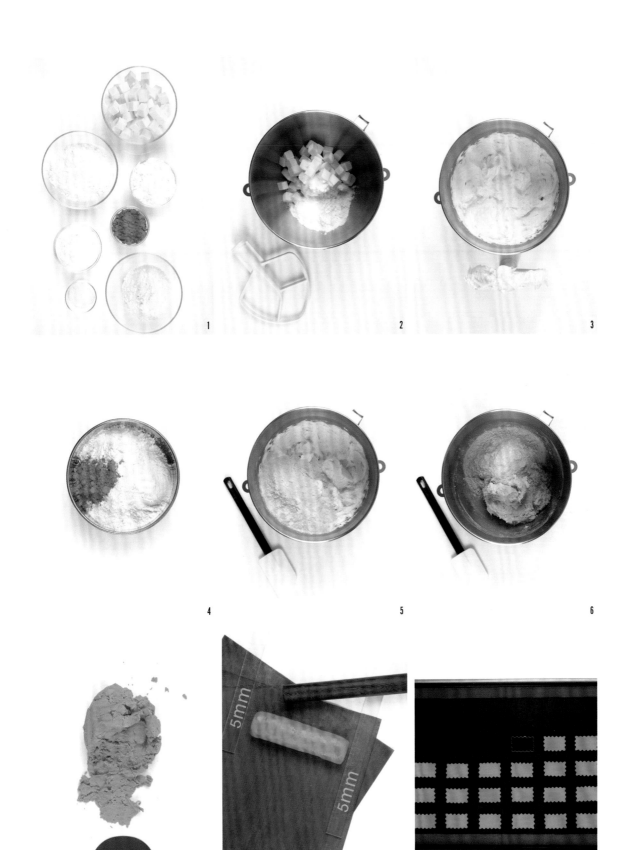

红豆黄油司康

材料（可制作8个）

司康面糊

王后T45法式糕点粉　318克

王后柔风甜面包粉　60克

泡打粉　9克

细砂糖　60克

细盐　4.5克

肯迪雅乳酸发酵黄油　90克

香草粉　3克

全蛋　56克

肯迪雅稀奶油　184克

红豆馅

红豆　100克

豆沙　100克

肯迪雅稀奶油　5克

肯迪雅乳酸发酵黄油　6克

装饰

蛋黄液

夹馅

肯迪雅乳酸发酵黄油　160克

制作方法

红豆馅

1　将制作红豆馅的材料准备好。

2　将红豆、豆沙、稀奶油和约45℃的黄油放入一个盆中，用刮刀拌匀，制成红豆馅备用。

司康面糊

3　将制作司康面糊的材料准备好。

4　厨师机的打发缸中放入糕点粉、面包粉、泡打粉、细砂糖、细盐、切成小丁的黄油颗粒（冷藏状态）和香草粉。

5　用叶浆全程低速搅拌均匀，加入全蛋和稀奶油，再次搅拌均匀。

6　用擀面杖将面团擀薄，形状方正，操作时，桌面上撒一层薄薄的面粉防粘。

7　将面团对半切开，重叠放置，擀平，此步骤重复2次。

8　面团擀薄至2.5厘米厚，包上保鲜膜，放入冰箱冷藏至少30分钟。

9　取出，用直径6厘米的圆形刻模刻出形状，放在烤盘上。

10　表面均匀刷一层蛋黄液；放入平炉，上火210℃，下火180℃，烤25分钟。

11　把步骤10烤好的司康对半切开，在其中一半司康上涂抹25克红豆馅，放上20克黄油片。最后盖上另一半司康即可。

小贴士

表面装饰用的蛋黄液需要用细网筛过滤出卵黄系带。

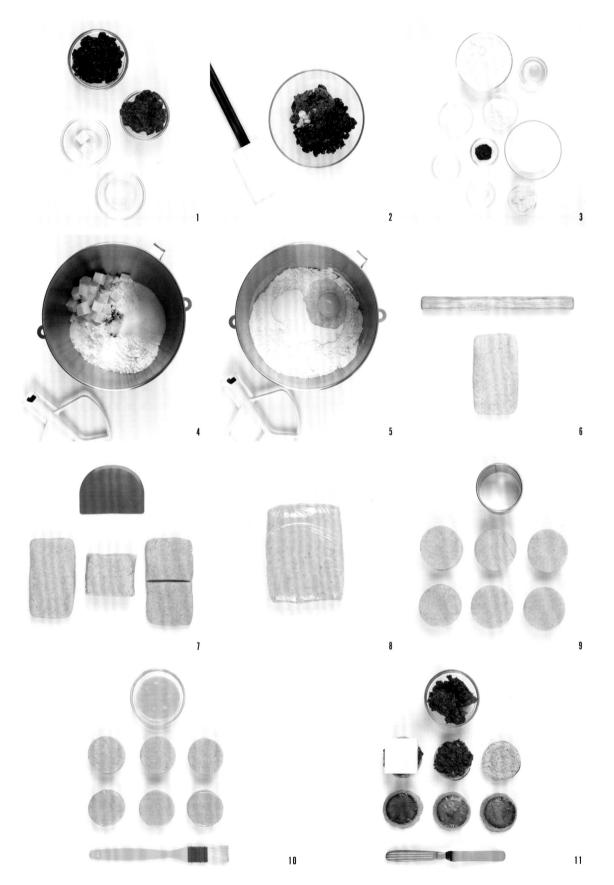

酥类

香草树莓拿破仑

材料（可制作7个）

千层酥

王后T55传统法式面包粉　600克

水　290克

白醋　10克

细盐　12克

肯迪雅乳酸发酵黄油　60克

肯迪雅布列塔尼黄油片　360克

卡仕达酱

全脂牛奶　110克

香草荚　1根

细砂糖　25克

玉米淀粉　11克

蛋黄　27.5克

可可脂　6克

树莓果酱

冷冻树莓　145克

宝茸树莓果泥　145克

细砂糖　80克

NH果胶粉　4克

鲜榨黄柠檬汁　13克

黑樱桃酒　13克

香草马斯卡彭奶油

肯迪雅稀奶油　150克

细砂糖　15克

香草荚　1根

吉利丁混合物　9.1克

（或1.3克200凝结值吉利丁粉+7.8克

泡吉利丁粉的水）

马斯卡彭奶酪　25克

装饰

切片草莓

薄荷叶

制作方法

千层酥

1. 面皮部分。水、白醋和细盐混合搅拌至盐化开，温度控制在约10℃。打发缸中加入面包粉，边搅打边加入水溶液；完全融合后，边搅打边加入化开的黄油（黄油温度保持在约50℃）。

2. 揉成团，压成边长25厘米的正方形面片。用保鲜膜包裹，放入冰箱冷藏1~12小时。

3. 油皮部分。用油纸包黄油片，用擀面杖敲打至呈S形弯曲但不断裂；擀成厚6毫米、边长25厘米的正方形。

4. 从冰箱取出面皮部分，擀成长50厘米、宽25厘米、厚6毫米的面片。把油皮部分放在正中间。

5. 两边面皮往中间折，中间重叠一小部分。用擀面杖压紧。

6. 面团压成5毫米厚，平均分成二份，折一个3折。再将面团压成4毫米厚，平均分成四份，折一个4折。用保鲜膜包裹，放入冰箱冷藏至少2小时。取出再次压成5毫米厚，平均分成四份，折一个4折。用保鲜膜包裹，放入冰箱冷藏至少4小时。

7. 取出压成长55厘米、宽35厘米、厚3毫米的面片。放在酥皮穿孔模具上，放入风炉，170℃烤50分钟。

8. 冷却后的千层酥皮切成长11厘米、宽3.5厘米。

卡仕达酱

9. 单柄锅中加入全脂牛奶、香草籽，煮沸。细砂糖与过筛的玉米淀粉混合拌匀；加入蛋黄，拌匀；倒入煮沸的牛奶，边倒边搅拌。把混合物倒回单柄锅中加热，搅拌至浓稠冒大泡。离火，加入可可脂，搅拌均匀。用保鲜膜贴面包裹，放入冰箱冷藏冷却。

树莓果酱

10. 单柄锅中加入冷冻树莓和树莓果泥，加热至约45℃；细砂糖和NH果胶粉混合拌匀后倒入，边倒边搅拌至均匀无颗粒。加热至整体冒泡，其间不停搅拌，使均匀受热。离火，加入鲜榨黄柠檬汁和黑樱桃酒，拌匀。用保鲜膜贴面包裹，放入冰箱冷藏凝固。

香草马斯卡彭奶油

11. 单柄锅中加入稀奶油、细砂糖和香草籽，加热煮沸。离火，加入泡好水的吉利丁混合物，搅拌至化开后冲入马斯卡彭奶酪中，用均质机均质。用保鲜膜贴面包裹，放入冰箱冷藏隔夜后打至八成发，放入装有直径1厘米圆形裱花嘴的裱花袋中。

组装与装饰

12. 卡仕达酱搅拌顺滑，放入装有直径1厘米圆形裱花嘴的裱花袋中。在两片千层酥上裱挤卡仕达酱。用直径1厘米的圆形裱花嘴在中间裱挤入树莓果酱。

13. 叠放千层酥，裱挤上香草马斯卡彭奶油。放上切片草莓和薄荷叶装饰即可。

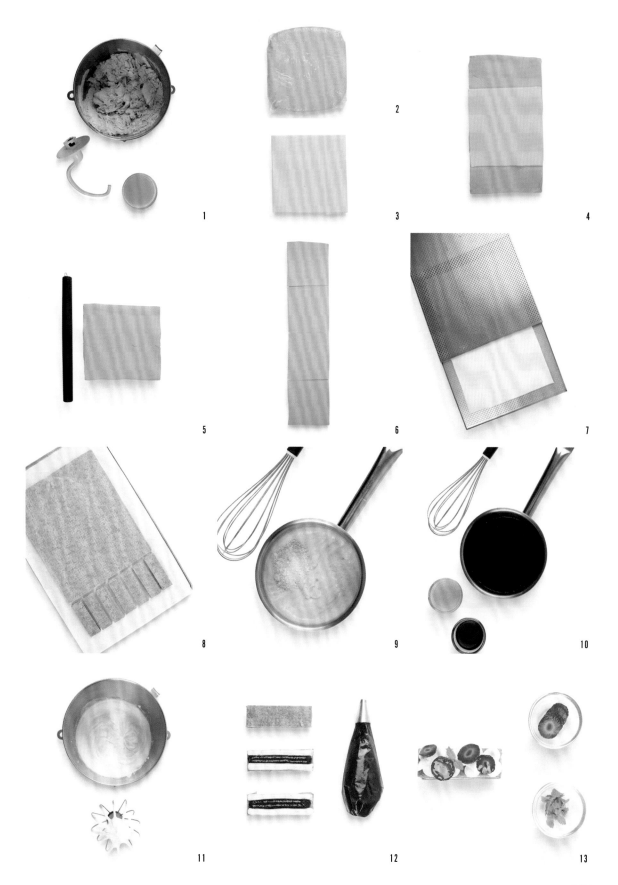

弗朗挞

材料（可制作2个）

卡仕达酱

全脂牛奶　500克

香草荚　2克

细砂糖　90克

全蛋　100克

玉米淀粉　50克

肯迪雅乳酸发酵黄油　100克

千层面团

配方见P294"千层酥"

制作方法

卡仕达酱

1. 将制作卡仕达酱的材料准备好。
2. 把香草荚剖开，刮出香草籽。单柄锅中加入全脂牛奶、香草籽，用电磁炉加热煮沸。
3. 细砂糖与过筛的玉米淀粉混合，搅拌均匀；加入全蛋，搅拌均匀。
4. 将步骤2的液体冲入步骤3的材料中，同时使用蛋抽搅拌。
5. 倒回单柄锅中，加热搅拌至浓稠冒大泡。
6. 离火，加入切成小块的黄油，搅拌均匀。
7. 用保鲜膜贴面包裹，放入冰箱冷藏冷却。

组装

8. 取已经折过一次3折和两次4折的千层面团（见P296步骤1~6），将面团压成长52厘米、宽4.5厘米、厚3毫米的长方形面皮。在直径16厘米的慕斯圈内壁贴紧带孔烤垫，将面皮放入。再在面皮内壁上贴烘焙油纸，填入烘焙重石。放入预热好的风炉，180℃烤约30分钟。
9. 使用直径14厘米的刻模在烤好的千层酥上（参见P296步骤1~8）刻出形状，作为弗朗挞的底部。
10. 将步骤8的烤盘取出，冷却后拿出烘焙重石和烘焙油纸，放入圆形千层酥，填入搅拌顺滑的卡仕达酱，放入预热好的风炉，190℃烤约25分钟即可。

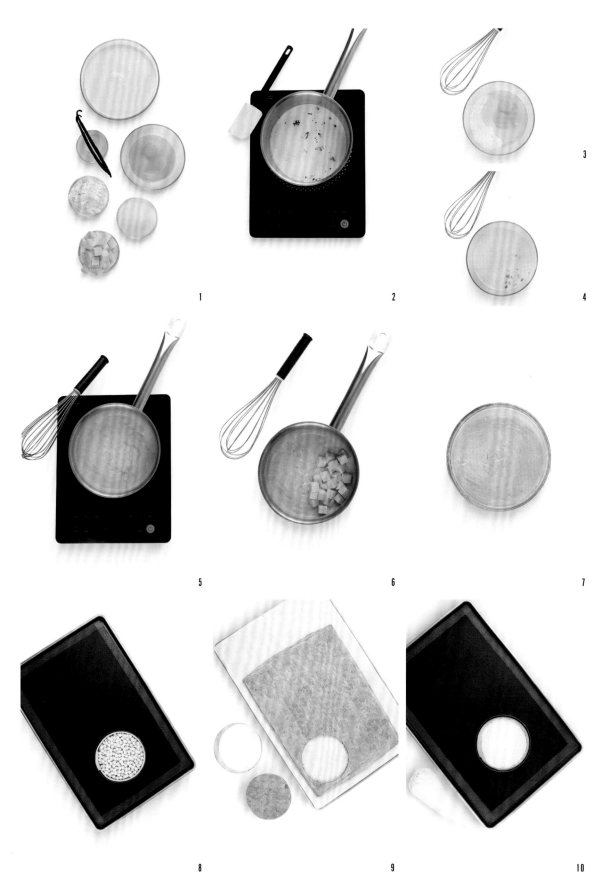

蝴蝶酥

材料

反转酥皮
配方见P28，另加适量细砂糖

咸焦糖粉
细砂糖　286克

水　114克

葡萄糖浆　84克

肯迪雅乳酸发酵黄油　14克

盐之花　1克

制作方法

开酥

1 参照P28，将反转酥皮开酥至两个4折，然后擀压成5毫米厚。

2 在表面撒一层细砂糖，用擀面杖轻轻碾压，使糖嵌入面皮中，折一个3折。用保鲜膜贴面包裹，放入冰箱冷藏（4℃）至少2小时。面团取出后压成5毫米厚，再次在表面撒一层细砂糖，用擀面杖轻轻碾压，使糖嵌入面皮中。再折一个3折。用保鲜膜包裹，放入冰箱冷藏（4℃）至少2小时。

3 取出压成长100厘米、宽30厘米、厚4毫米的面片，面片对折后打开，两边各折一个3折后对折，用水粘合。

4 用保鲜膜包裹，放入冰箱冷藏（4℃）至少12小时。

5 取出后切割成厚1.5厘米的片。

6 放入平炉，上火165℃，下火165℃，烤35~40分钟。

咸焦糖粉

小贴士
咸焦糖粉可以提前准备好，将其放入密封袋内塑封保存即可。

7 在单柄锅中放入水、细砂糖和葡萄糖浆，加热至颜色变为金黄的焦糖色。放入黄油和盐之花，搅拌至化开。

8 将做好的焦糖倒在硅胶垫上，放凉后倒入破壁机中搅打成粉状。

装饰

9 将咸焦糖粉借助粉筛撒在烤好的蝴蝶酥表面。

10 再次放回烤箱，加热至咸焦糖粉化开，降温后放入避潮的盒子中保存即可。

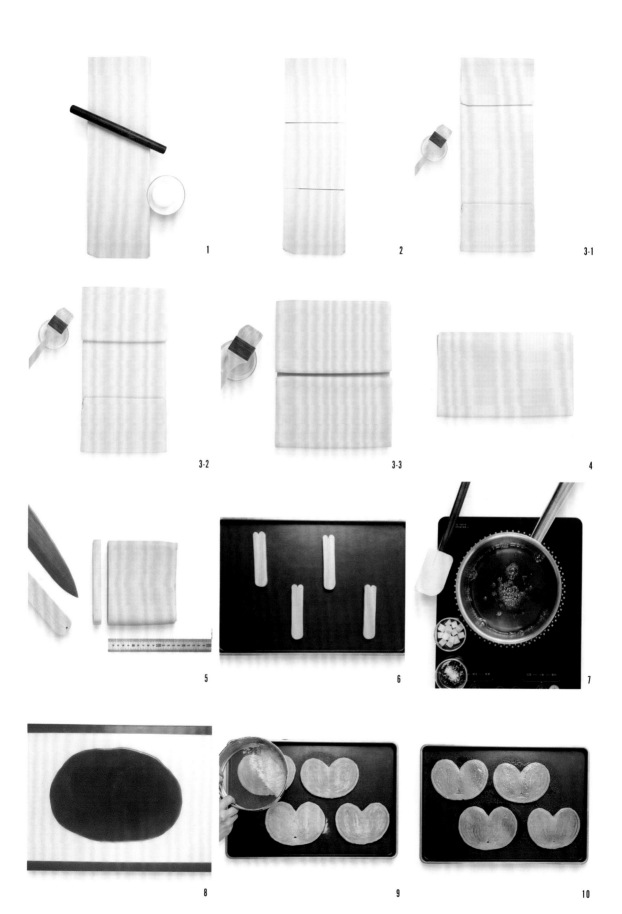

水果弗朗挞

材料（可制作10个）

卡仕达酱
配方见P298

百香果奶油酱
全蛋　144克
细砂糖　101克
鲜榨黄柠檬汁　13克
宝茸百香果果泥　103克
吉利丁混合物　11.2克
（或1.6克200凝结值吉利丁粉
+9.6克泡吉利丁粉的水）
肯迪雅乳酸发酵黄油　200克

树莓果酱
配方见P294

椰子打发甘纳许
椰奶　129克
全脂牛奶　103克
吉利丁混合物　21克
（或3克200凝结值吉利丁粉+18克
泡吉利丁粉的水）
柯氏白巧克力　116克
肯迪雅稀奶油　298克

千层面团
配方见P294"千层酥"

装饰
蓝莓
树莓
黑莓
薄荷叶

制作方法

百香果奶油酱

1. 吉利丁粉倒入冷水中，使用蛋抽搅拌均匀，放入冰箱冷藏至少10分钟。全蛋与细砂糖混合，用蛋抽搅拌均匀。单柄锅中加入百香果果泥和鲜榨黄柠檬汁，加热煮沸后冲入拌匀的蛋液中，用蛋抽搅拌，均匀受热。
2. 倒回单柄锅中，加热至82~85℃。离火，加入泡好水的吉利丁混合物，搅拌至化开。降温至45℃左右，加入软化至膏状的黄油，用均质机均质。用保鲜膜贴面包裹，放入冰箱冷藏凝固。

椰子打发甘纳许

3. 单柄锅中加入椰奶和全脂牛奶，加热煮沸；离火，加入泡好水的吉利丁混合物，搅拌至化开；冲入白巧克力中，用均质机均质；加入稀奶油，用均质机均质。用保鲜膜贴面包裹，放入冰箱冷藏隔夜备用。

组装与装饰

4. 取已经折过一次3折和两次4折的千层面团（见P296步骤1~6），将面团压成长23厘米、宽3.5厘米、厚3毫米的长方形面皮，放入直径7厘米的冲孔挞圈内壁。
5. 在面皮内壁贴上烘焙油纸，填入烘焙重石。放入预热好的风炉，180℃烤约25分钟。
6. 使用直径5厘米的刻模在烤好的千层酥上（参见P296步骤1~8）刻出形状，作为水果弗朗挞的底部。
7. 将步骤5的烤盘取出，拿出烘焙重石和烘焙油纸，放入圆形千层酥，再填入卡什达酱，放入预热好的风炉，190℃烤15分钟。
8. 往带有卡什达酱的挞壳内填入树莓果酱。
9. 填入百香果奶油酱至九分满。椰子打发甘纳许打至八成发，放入装有直径2厘米圆形裱花嘴的裱花袋中，裱挤在百香果奶油酱上。最后装饰上树莓、蓝莓、黑莓和薄荷叶即可。

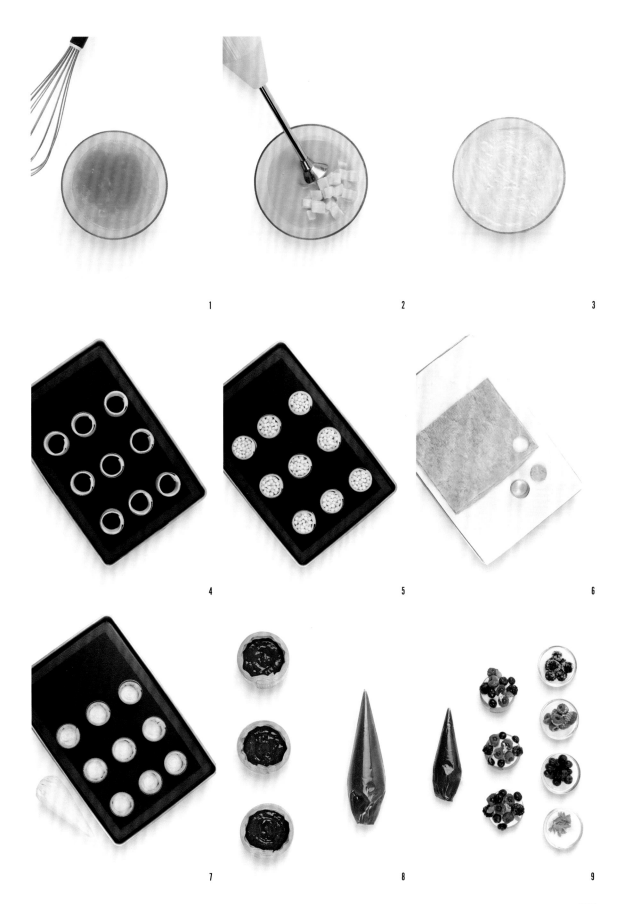

国王饼

材料（可制作3个）

卡仕达酱
全脂牛奶　180克
肯迪雅稀奶油　20克
香草荚　1根
蛋黄　40克
细砂糖　30克
玉米淀粉　16克
肯迪雅乳酸发酵黄油　20克

弗朗瑞帕奶油
肯迪雅乳酸发酵黄油　50克
杏仁粉　50克
糖粉　50克
全蛋　50克
黑朗姆酒　10克
卡仕达酱（见上方）　50克
玉米淀粉　8克

蛋液
蛋黄　50克
肯迪雅稀奶油　12.5克

反转酥皮
配方见P28

制作方法

卡仕达酱

1. 把香草荚剖开，刮出香草籽。单柄锅中加入全脂牛奶、稀奶油和香草籽，用电磁炉加热煮沸。
2. 细砂糖加入过筛的玉米淀粉中，搅拌均匀；加入蛋黄，搅拌均匀；将步骤1的液体冲入，同时使用蛋抽搅拌。
3. 将步骤2的混合物倒回单柄锅中，加热搅拌至浓稠冒大泡。离火，加入切成小块的黄油，搅拌均匀。用保鲜膜贴面包裹，在室温下放置备用。

蛋液

4. 蛋黄加入稀奶油，混合均匀。过筛备用。

弗朗瑞帕奶油

5. 打发缸中加入软化至膏状的黄油、玉米淀粉和糖粉，用叶桨高速打发至颜色发白、体积膨胀。分次加入常温全蛋，用叶桨乳化均匀。加入杏仁粉，低速搅拌均匀。加入常温卡仕达酱、黑朗姆酒，低速搅拌均匀。放入装有直径2厘米圆形裱花嘴的裱花袋中。

组装与装饰

6. 取已经折过一次3折和两次4折的反转酥皮面团，将面团压成两张厚3毫米、边长22厘米的正方形面皮。在其中一张面皮上裱挤弗朗瑞帕奶油。在弗朗瑞帕奶油外侧的面皮上，刷薄薄一层水。
7. 重叠两张面皮。
8. 放上直径20厘米的慕斯圈，使用小刀切割成圆形。放入冰箱冷藏变硬。
9. 将国王饼翻转。刷一层蛋液，放入冰箱冷藏15分钟，让蛋液凝固。取出再刷一层蛋液，放入冰箱冷藏10分钟。画上花纹。放入预热好的平炉，上火190℃，下火170℃，烤50分钟即可。

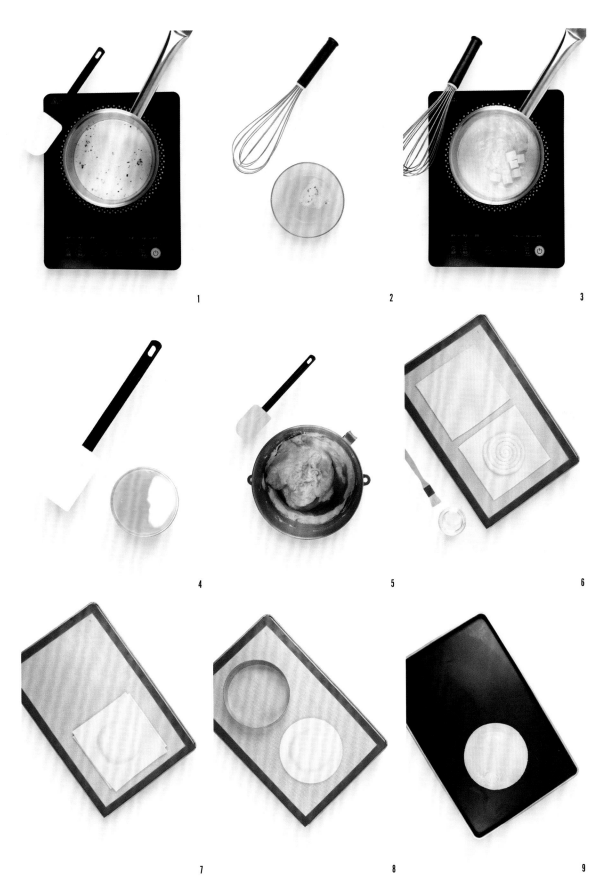

拿破仑橙子可颂

材料（可制作15个）

可颂面团

王后T45蛋糕粉　1000克

水　420克

全蛋　50克

新鲜酵母　45克

细盐　18克

细砂糖　100克

蜂蜜　20克

肯迪雅乳酸发酵黄油　70克

肯迪雅布列塔尼黄油片　580克

拿破仑面团

王后T45法式糕点粉　500克

水　150克

全脂牛奶　112克

细盐　8.5克

细砂糖　10克

肯迪雅乳酸发酵黄油　90克

肯迪雅布列塔尼黄油片　300克

糖渍橙子酱

新鲜橙子皮　175克

细砂糖A　250克

水　500克

细砂糖B　250克

橙子夹心

鲜榨橙汁　150克

细砂糖　15克

海藻胶　2.5克

糖渍橙子酱　85克

新鲜橙子果肉　105克

佛手柑奶油

肯迪雅稀奶油　200克

马斯卡彭奶酪　10克

冷冻佛手柑肉　2克

细砂糖　10克

蛋液

全蛋　约1个

制作方法

拿破仑面团

1 把糕点粉、细盐、细砂糖和黄油倒入打发缸中，使用叶桨进行沙化。沙化完成后，倒入牛奶和水，换用勾桨搅拌至面团顺滑。取出面团划十字刀，用保鲜膜包裹，冷藏至少1小时。

2 将黄油片敲软，擀至边长为24厘米的正方形，放置备用。

3 取出步骤1的冷藏面团，擀至长48厘米、宽24厘米，将步骤2的黄油片包进去。

4 擀至7毫米厚，折一个3折，用保鲜膜包裹，冷藏1小时。

5 取出面团，擀至5毫米厚，折一个4折。用保鲜膜包裹，冷藏1小时。重新再折一个3折，冷藏，第二天使用。

6 取出面团，擀至宽40厘米、厚3毫米，冷藏至少1小时，转移至烤盘，盖上烘焙油纸。入炉前，在烘焙油纸上压一两个烤盘。放入风炉，180℃烤45~50分钟，烤至里外金黄即可。

7 烤好后取出，待面皮冷却后，在表面均匀撒上糖粉，放入风炉，200℃烤约5分钟，将糖粉烤化。

糖渍橙子酱

8 将切好的橙子皮倒入锅内，注入凉水，用电磁炉中小火煮开，过滤后重新倒入锅内。如此反复五六次，去除苦涩味。

9 将细砂糖A与水煮开，倒入盛有橙子皮的容器中，用保鲜膜贴面包裹，冷藏隔夜。第二天将糖浆与橙子皮过滤分离，把糖浆倒入锅内，加入细砂糖B，煮开，继续冲入橙子皮中，用保鲜膜贴面包裹，放入冰箱冷藏，隔天取出使用。滤出糖浆，将泡好的橙子皮取出备用。

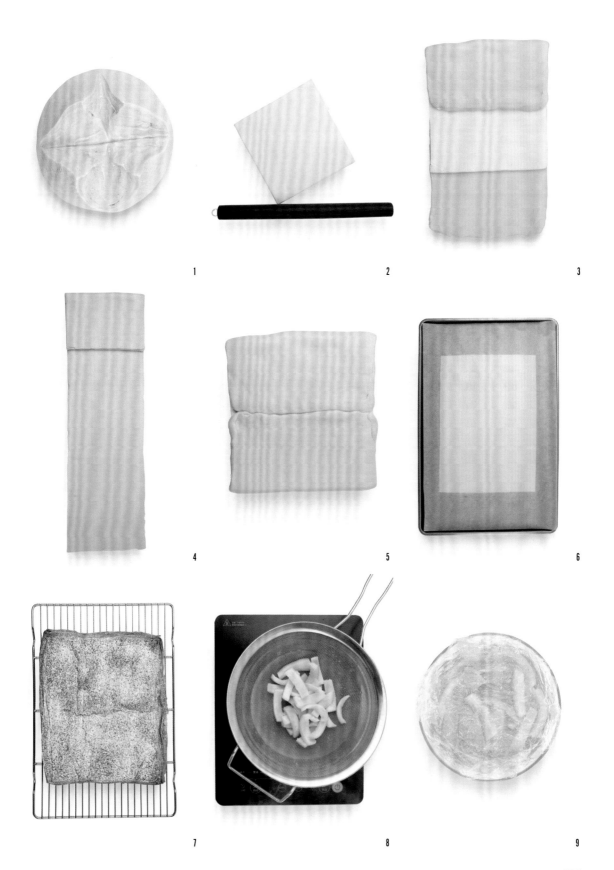

蛋液

10 将制作蛋液的所有材料倒入量杯，均质，过筛备用。

可颂面团

11 将除黄油和黄油片外的所有材料倒进打发缸中，用勾浆低速搅拌约8分钟，搅拌至所有材料混合均匀成团。加入软化的黄油，中速继续搅拌。搅拌出缸温度为24~25℃，面筋七成左右。放在烤盘上，包好保鲜膜，放置在24℃左右的环境中，基础醒发30分钟后拍扁排气，包好保鲜膜放入冰箱冷藏至少12小时，隔夜醒发。

12 将黄油片敲软，擀成边长24厘米的正方形备用。取出步骤10的面团，擀至长48厘米、宽24厘米，将黄油片放在中间，包好，擀长，面团厚度控制在7毫米，先折一个3折，放入冰箱冷藏1小时（包入黄油片之前，控制好黄油的软硬度，保持延展性）。取出冷藏面团，继续擀薄至5毫米，再次折一个4折，用保鲜膜包好继续放入冰箱冷藏1小时。

13 取出面团，将宽度擀至30厘米，厚度擀至3.5毫米，切出底为7厘米的等腰三角形，塑形卷起。

14 放入醒发箱前在面团表面刷一层薄薄的蛋液，放入温度27℃、湿度75%的醒发箱发酵约120分钟。醒发好后，在室温下放置约5分钟，待表面微结皮后，刷上薄薄一层蛋液，放入风炉，180℃烤约17分钟。

佛手柑奶油

15 将制作佛手柑奶油的所有材料倒入打发缸内，中速搅打至七八成发，冷藏备用。

橙子夹心

16 橙汁加热至40~45℃，停火后，将混合均匀的细砂糖与海藻胶匀速倒入，用蛋抽搅匀，再次煮开后持续中小火煮2~3分钟。把新鲜橙子果肉和糖渍橙子酱倒入锅内，再次煮开。倒入玻璃碗内，用保鲜膜贴面包裹，冷藏备用。

组装与装饰

17 将步骤14烤好可颂从中间切开，不要切断；将步骤7烤好的拿破仑皮切成长10厘米、宽3厘米；将佛手柑奶油打至七八成发，装进裱花袋；将橙子夹心装进裱花袋。

18 向切开的可颂中挤入30克橙子夹心，将拿破仑皮夹入，最后挤入约8克佛手柑奶油即可。

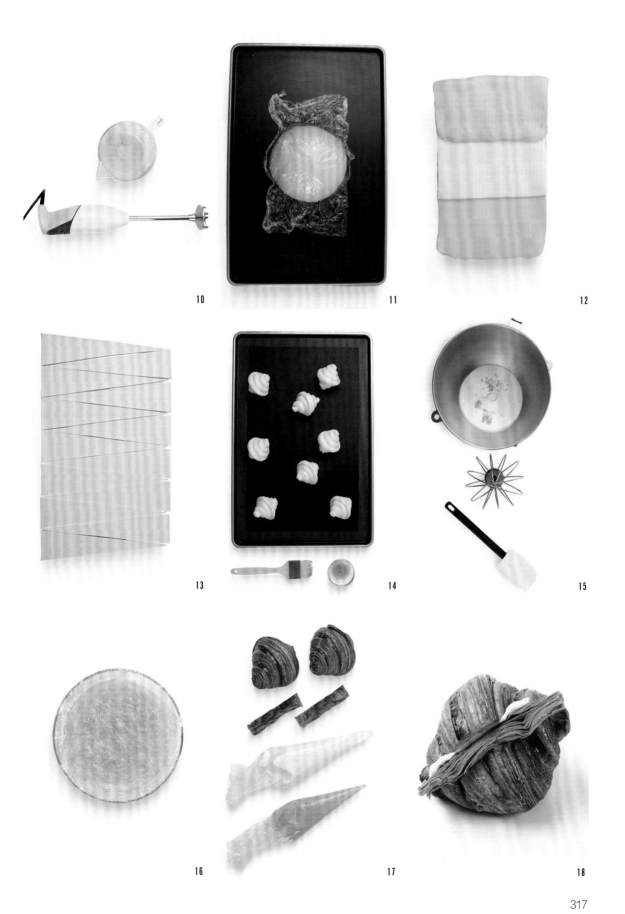

10

11

12

13

14

15

16

17

18

酥皮卷

材料（可制作20个）

油醋汁虾仁沙拉

藜麦　适量

苦苣　100克

虾仁　100克

圣女果　50克

绿豌豆　50克

牛油果　50克

鲜榨黄柠檬汁　适量

黑胡椒粒　适量

海盐　适量

油醋汁　适量

橄榄油　适量

千层酥

配方见P294

制作方法

油醋汁虾仁沙拉

1　将制作油醋汁虾仁沙拉的材料准备好。

2　藜麦热水下锅，煮熟。过滤备用。

3　虾仁焯水。过滤备用。

4　单柄锅中加入绿豌豆、海盐、橄榄油，煮熟。过滤备用。

5　盆中放入煮熟的藜麦、虾仁、绿豌豆、切成小块的圣女果、苦苣、切成小块的牛油果、鲜榨黄柠檬汁、黑胡椒粒、海盐、油醋汁和橄榄油，搅拌均匀。

酥皮卷

6　取已经折过一次3折和两次4折的千层面团（见P296步骤1~6），将面团压成长15厘米、宽6厘米、厚3毫米，放在五槽法棍烤盘中。

7　放上包有锡箔纸的擀面杖。放入预热好的风炉，180℃烤约30分钟。

8　烤好后取出，填入事先做好的油醋汁虾仁沙拉即可。

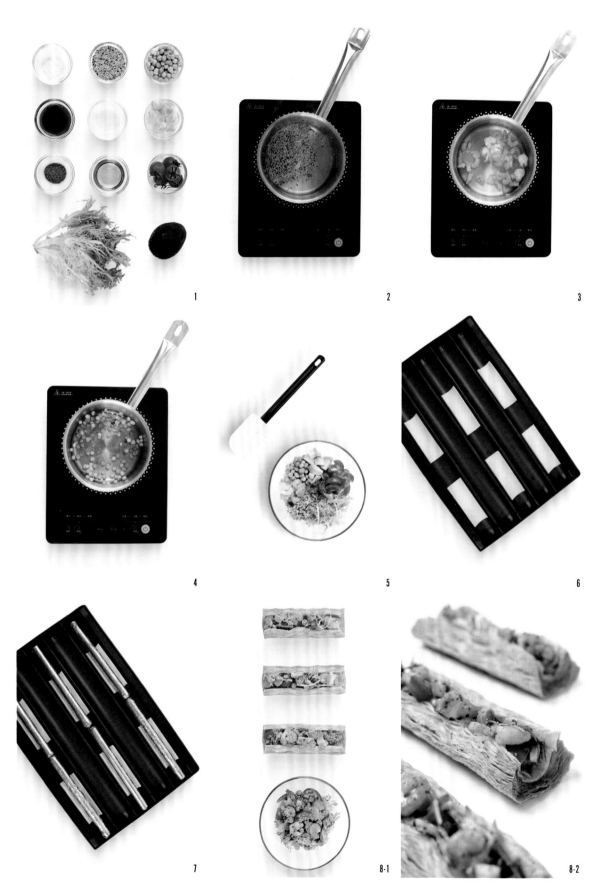

盘饰甜品

榛子李子鱼子酱

材料

白兰地李子
去核李子干　300克
水　250克
细砂糖　150克
白兰地　100克

巧克力沙布列
盐之花　4.5克
肯迪雅乳酸发酵黄油　238.5克
黄糖　185克
细砂糖　75克
香草液　3克
柯氏55%黑巧克力　232.5克
王后T55传统法式面包粉　270克
可可粉　46克
泡打粉　7.5克

榛子帕林内奶油霜
60%榛子帕林内（见P34）
112.5克
100%榛子酱　37.5克
全脂牛奶　125克
吉利丁混合物　24.5克
（或3.5克200凝结值吉利丁粉+21克
泡吉利丁粉的水）
肯迪雅稀奶油　225克

李子鱼子酱
李子汽水　380克
细砂糖　25克
琼脂粉　4克
吉利丁混合物　42克
（或6克200凝结值吉利丁粉+36克
泡吉利丁粉的水）
葡萄籽油　适量

巧克力比斯基
配方见P64

制作方法

小贴士

建议提前至少2周准备白兰地李子，这样味道会更浓郁。把糖水和李子干一起倒入塑封袋中后放入冰箱，可以保存2~3个月。

白兰地李子

1 将去核李子干放入单柄锅中，加入冷水，加热沸腾5~6分钟。滤掉水分后将李子干放在大碗中。将细砂糖和水倒入单柄锅中，加热至沸腾做成糖水后，将热的糖水倒入放有李子干的碗中。加入白兰地搅拌均匀，用保鲜膜贴面包裹，放入冰箱冷藏（4℃）备用。

巧克力沙布列

2 将制作巧克力沙布列的所有材料放入厨师机的缸中，用叶桨搅拌直至出现沙砾状。成团后压过四方刨，做成大小均匀的颗粒。放入风炉，150℃烤约20分钟。

榛子帕林内奶油霜

3 将稀奶油倒入厨师机的缸中，用球桨打发成慕斯状后放入冰箱冷藏（4℃）备用。将全脂牛奶倒入锅中，加热至50℃，加入泡好水的吉利丁混合物，搅拌至化开后倒在60%榛子帕林内和100%榛子酱上，用均质机均质乳化。

4 坐冰水将混合物降温至30℃，加入1/2的打发稀奶油，用蛋抽搅拌均匀后加入剩余的打发稀奶油，用软刮刀翻拌均匀后直接使用。

李子鱼子酱

5 将李子汽水放入单柄锅中，加入细砂糖和琼脂粉的混合物，搅拌均匀后加热至沸腾；趁热加入泡好水的吉利丁混合物，降温至50~60℃。将降温好的混合物放入滴管中，一滴一滴地挤在放入冰箱冷藏（4℃）至少2小时的葡萄籽油中。

6 全部挤完后将葡萄籽油连带里面的李子鱼子酱放入冰箱冷藏（4℃）至少1小时。取出后过筛出鱼子酱，放入水中。再次放入冰箱冷藏（4℃）。

组装与装饰

7 将做好的巧克力比斯基切割成1厘米见方的小块，并将白兰地李子过筛取出李子后切块。在鱼子酱不锈钢盒子中放入8克巧克力沙布列，放入5颗切块的巧克力比斯基和切块的白兰地李子。

8 挤入榛子帕林内奶油霜，留约2毫米空白，放入冰箱冷藏1小时等待慕斯液凝结。

9 放上李子鱼子酱即可。

1

2

3

4

5

6

7

8

9

茶杯式葡萄甜品

材料

咸白巧克力卜卜米

柯氏白巧克力　30克

可可脂　10克

卜卜米　20克

细盐　0.5克

比斯基蛋糕

全脂牛奶　562克

肯迪雅乳酸发酵黄油　90克

细盐　2.5克

蛋黄　173克

细砂糖A　70克

王后T55传统法式面包粉　90克

蛋清　270克

细砂糖B　100克

葡萄果糊

白葡萄　200克

黑葡萄　200克

宝茸黑加仑果泥　40克

细砂糖　30克

葡萄糖粉　30克

NH果胶粉　6克

酒石酸粉　2克

茶味马斯卡彭奶油

茶叶　5克

肯迪雅稀奶油　300克

细砂糖　30克

吉利丁混合物　18.9克

（或2.7克200凝结值吉利丁粉+

16.2克泡吉利丁粉的水）

马斯卡彭奶酪　50克

茶味啫喱

水　250克

茶叶　5克

细砂糖　25克

索萨素吉利丁粉　11克

装饰

柯氏白巧克力

白葡萄

黑葡萄

炒米

制作方法

比斯基蛋糕

1　在盆中放入细砂糖A和面包粉搅拌均匀，然后加入蛋黄和100克冷的全脂牛奶搅拌。将剩余的全脂牛奶连同细盐和黄油放入单柄锅中，加热至沸腾后往盛有混合物的盆中倒一半，搅拌均匀后倒回单柄锅中。

2　将步骤1的混合物搅拌均匀后加热至沸腾，然后用均质机均质细腻，制成卡仕达酱。将蛋清和细砂糖B放入厨师机的缸中，用球桨打发成慕斯状，往热的卡仕达酱中加入1/3打发蛋白，用蛋抽搅拌均匀后慢慢加入剩下的打发蛋白，用软刮刀翻拌均匀。倒在放有烘焙油布的烤盘上，用弯抹刀抹平整。放入风炉，160℃烤25~30分钟。烤好后盖一张烘焙油布，翻转放在网架上冷却。

咸白巧克力卜卜米

3　可可脂融化至41℃，与白巧克力和细盐混合均匀，加入卜卜米后拌匀。用保鲜膜包裹备用。

葡萄果糊

4　白葡萄和黑葡萄切割成小块。将黑加仑果泥和切好的葡萄一起放入锅中，加热至40℃左右。加入NH果胶粉、葡萄糖粉和细砂糖的混合物，加热至沸腾。加入酒石酸粉，再次加热后放入盆中，用保鲜膜贴面包裹备用。

茶味啫喱

5　在单柄锅中放入水，加热至微沸，加入茶叶后静置4分钟。静置后过筛取250克茶水，倒入素吉利丁粉和细砂糖的混合物，搅拌均匀后加热至沸腾。用小勺撇去液体表面的浮沫，倒入包有保鲜膜的方形模具中，放入冰箱冷藏16小时。

茶味马斯卡彭奶油

6　在单柄锅中放入稀奶油，加热至微沸，放入茶叶并静置4分钟。静置后过筛取300克液体倒在锅中，加入细砂糖，开火加热至50℃，放入泡好水的吉利丁混合物，搅拌至化开后加入马斯卡彭奶酪并均质细腻。倒入盆中并用保鲜膜贴面包裹，放入冰箱冷藏（4℃），使用时需将其打发并马上使用。

组装与装饰

7　将白巧克力调温，倒入茶杯形状的硅胶模具中，在17℃的环境中放置12小时，结晶后脱模备用。

8　在白巧克力做成的杯子中放入咸白巧克力卜卜米，挤入茶味马斯卡彭奶油。

9　放入5~6个切割成1厘米见方的方形比斯基，并在中间挤入葡萄果糊。

10　再次挤入茶味马斯卡彭奶油，并放上一些白葡萄和黑葡萄颗粒，同时放上炒米。切割并放上茶味啫喱，然后放在装饰过的盘子上即可。

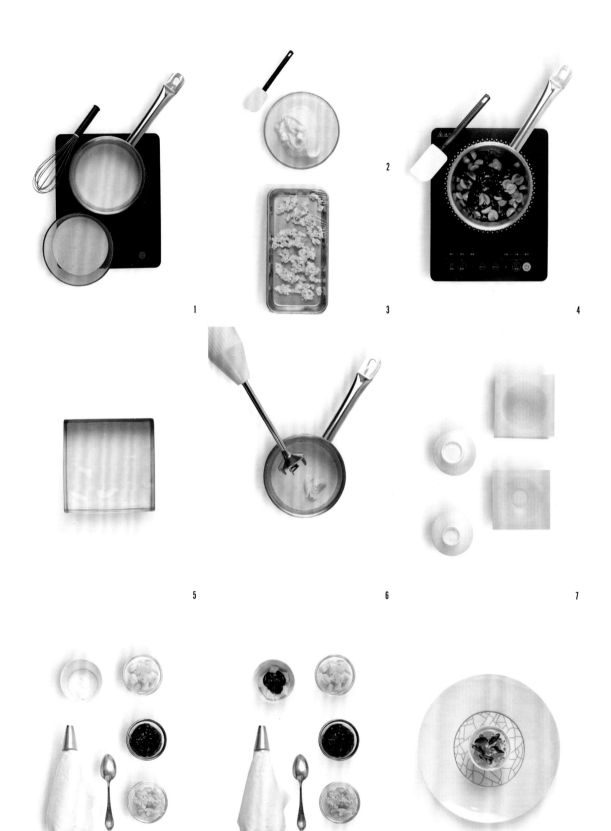

玉米芒果柚子小甜品

材料（可制作10个）

玉米爆米花酥粒

肯迪雅乳酸发酵黄油　130克

王后T55传统法式面包粉　50克

玉米面粉　40克

爆米花　40克

杏仁粉　110克

粗颗粒黄糖　100克

细盐　2克

镜面果胶

水　98克

葡萄糖浆　19.5克

细砂糖　34克

NH果胶粉　4克

鲜榨黄柠檬汁　4克

玉米奶油

玉米汁　60克

肯迪雅稀奶油　240克

马斯卡彭奶酪　60克

细砂糖　30克

蛋卷面糊

细砂糖　175克

细盐　2克

全蛋　50克

全脂牛奶　190克

水　190克

香草精华　5克

橙花水　2克

王后T55传统法式面包粉　250克

小苏打　2克

肯迪雅乳酸发酵黄油　50克

芒果啫喱

宝茸芒果果泥　125克

镜面果胶（见左侧）　125克

橙子芒果夹心

橙子果肉　100克

芒果啫喱（见上方）　250克

装饰

芒果丁

薄荷叶

制作方法

玉米爆米花酥粒

1 料理机中加入面包粉、爆米花、切成小块的黄油（冷藏状态）、玉米面粉、杏仁粉、粗颗粒黄糖和细盐，使用叶桨全程低速搅拌均匀。将面团倒在干净的桌面上，用半圆形刮板上下碾压均匀。用四方刨刨出颗粒，放入冰箱冷冻定形后转入风炉，150℃烤20分钟。

玉米奶油

2 打发缸中加入玉米汁、稀奶油、马斯卡彭奶酪和细砂糖，使用球桨中高速打发至八成发。

蛋卷面糊

3 盆中加入细砂糖、细盐、全蛋、全脂牛奶、水、香草精华和橙花水，用均质机均质；加入过筛的面包粉和小苏打，均质；加入融化至50℃的黄油，均质。用保鲜膜贴面包裹，放入冷藏冰箱熟成3小时。取出后再次均质。蛋卷机预热至200℃，倒入面糊，盖上面板。

4 取出蛋卷，用直径9厘米的刻模刻出形状。趁热用U形模具定形。

芒果啫喱

5 单柄锅中加入芒果果泥和镜面果胶（做法见P192），加热至镜面果胶化开。倒入盆中，用保鲜膜贴面包裹，放入冰箱冷藏凝固。

橙子芒果夹心

6 将芒果啫喱和橙子果肉搅拌均匀，装入裱花袋中。

组装与装饰

7 准备好盘子、模具、玉米爆米花酥粒、芒果啫喱、橙子芒果夹心、蛋卷、玉米奶油、芒果丁和薄荷叶。

8 模具放在盘子上，挤上芒果啫喱，用弯柄抹刀抹平整，取出模具。

9 蛋卷中挤入橙子芒果夹心。

10 挤入玉米奶油，用弯柄抹刀抹平整。

11 蘸上玉米爆米花酥粒。

12 放在盘子上，用芒果丁和薄荷叶装饰即可。

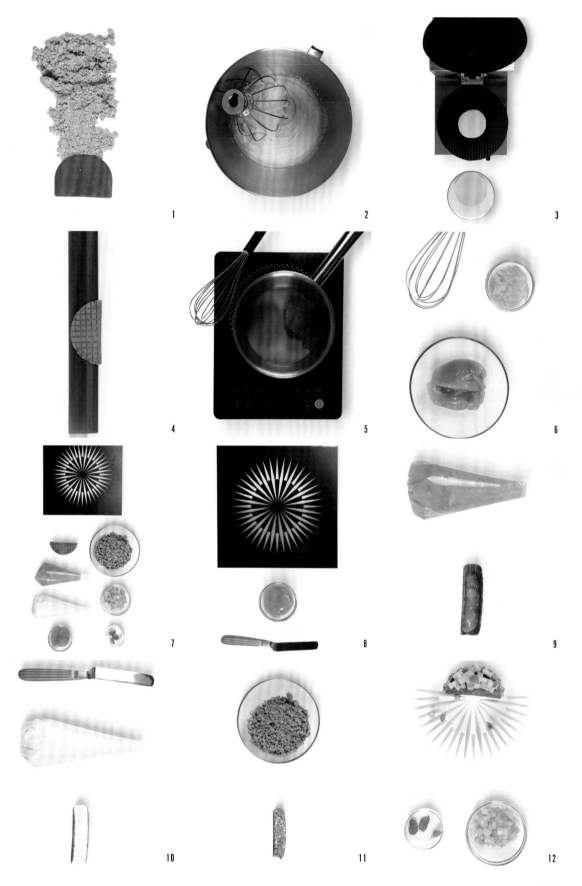

热带水果巧克力小甜品

材料

弗朗可可甜酥面团
配方见P234

碧根果帕林内
碧根果　300克
细砂糖　199.5克

热带水果酱
细砂糖　60克
宝茸百香果果泥　135克
宝茸芒果果泥　96克
宝茸菠萝果泥　96克
鲜榨青柠檬汁　56克
黄原胶　3克

巧克力比斯基
配方见P64

牛奶巧克力奶油
肯迪雅稀奶油A　60克
柯氏51%牛奶巧克力（瑞亚楚洛）　60克
肯迪雅稀奶油B　300克

装饰
巧克力配件

制作方法

热带水果酱

1 单柄锅中加入百香果果泥、芒果果泥、菠萝果泥和鲜榨青柠檬汁，煮至温热。另一个单柄锅中加入细砂糖，熬成浅焦糖色，冲入刚刚的果泥混合物中，边倒边搅拌。煮沸，用保鲜膜贴面包裹，放入冰箱冷藏，冷却后取出，加入黄原胶，用均质机均质。

牛奶巧克力奶油

2 单柄锅中加入稀奶油A，加热至80℃；冲入装有牛奶巧克力的盆中，用均质机均质，降温至约31℃，分次加入打发至八成发的稀奶油B，用刮刀翻拌均匀。

组装与装饰

3 准备好盘子、巧克力配件、牛奶巧克力奶油、巧克力比斯基、热带水果酱、碧根果帕林内（做法参考P34）。将弗朗可可甜酥面团从冰箱取出，撕开两面油布，放在铺有带孔硅胶垫的烤盘上，放入预热好的风炉，150℃烤20分钟。冷却后的巧克力比斯基和弗朗可可甜酥面团切成1厘米见方的小块。

4 盘子上固定巧克力配件。

5 巧克力配件内壁淋一层碧根果帕林内。

6 挤上牛奶巧克力奶油，放上巧克力比斯基，放上弗朗可可甜酥面团，挤上热带水果酱。

7 挤上牛奶巧克力奶油。

8 放上巧克力配件；挤上牛奶巧克力奶油；用温热的半圆形勺子在奶油上烫一个小洞。

9 放上弗朗可可甜酥面团和巧克力比斯基装饰，挤入碧根果帕林内即可。

1

2

3

4

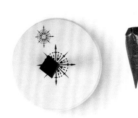

5

6

7

8

9

青苹果蔓越莓小甜品

材料（可制作6个）

香橙杏仁蛋糕坯

全蛋　224克

50%杏仁膏　320克

60%君度酒　40克

蛋清　80克

泡打粉　4克

王后T55传统法式面包粉　72克

肯迪雅乳酸发酵黄油　104克

椰子康宝乐

肯迪雅乳酸发酵黄油　130克

粗颗粒黄糖　100克

海盐　2克

王后T55传统法式面包粉　130克

杏仁粉　60克

细椰蓉　50克

椰奶粉　20克

白奶酪香缇

肯迪雅稀奶油　216克

白奶酪　120克

蜂蜜　24克

粗颗粒黄糖　24克

香草荚　1根

青柠檬皮屑　0.2克

瑞士蛋白糖

蛋清　100克

细砂糖　180克

柠檬酸　1克

蔓越莓果冻

宝茸蔓越莓车厘子果泥　60克

水　200克

蜂蜜　10克

细砂糖　25克

索萨复配增稠剂　11克

香草橄榄油

橄榄油　100克

香草籽　2.5克

蔓越莓车厘子啫喱

透明啫喱　100克

宝茸蔓越莓车厘子果泥　100克

装饰

青苹果

蔓越莓干

青柠檬皮屑

白色可可脂（配方见P37）

制作方法

香橙杏仁蛋糕坯

1 料理机中加入全蛋、50%杏仁膏和60%君度酒，搅打均匀。放入打发缸中，打发至颜色发白、体积膨胀，制成全蛋面糊。另一个打发缸中加入蛋清，使用球桨打发至中性发泡，制成蛋白霜，加入全蛋面糊中，用刮刀翻拌均匀。

2 加入过筛后的面包粉和泡打粉，用刮刀翻拌均匀。黄油融化至约45℃，取一小部分面糊放到黄油中，用蛋抽搅拌均匀；倒回至大部分的面糊中，用刮刀翻拌均匀。倒在铺有烘焙油布的烤盘上，用弯柄抹刀抹平整，放入风炉，180℃烤10分钟。出炉后转移至网架上。冷却后切成小方块。

椰子康宝乐

3 把冷藏的黄油切成小块。把制作椰子康宝乐的所有材料放入打发缸中，用叶桨全程低速搅拌均匀，把面团倒在干净的桌面上，用半圆形刮刀上下碾压至面团均匀。用四方刨将面团刨出颗粒，放入冰箱冷冻冷却；放入风炉，150℃烤20分钟。

白奶酪香缇

4 把香草荚剖开，刮出香草籽。把香草籽和其他材料放入打发缸中，用球桨打至八成发。

瑞士蛋白糖

5 所有材料加入打发缸中，隔热水加热至45~55℃，用球桨高速打发至坚挺的鹰钩状。

6 准备长17厘米、宽3厘米的厚玻璃纸；在桌面上喷酒精，粘住玻璃纸；在玻璃纸表面喷一层脱模油。取一小部分步骤5搅打好的蛋白霜放在玻璃纸上，使用弯柄抹刀抹平整。取出玻璃纸，将两条短边用夹子固定，放在铺有高温烤垫的烤盘上。

7 另取蛋白霜装入裱花袋，剪个小口，挤入底部；放入风炉，70℃烤3小时，烤好脱模。

蔓越莓果冻

8 单柄锅中加入蔓越莓车厘子果泥、水和蜂蜜，加入混匀的细砂糖和复配增稠剂，使用蛋抽边倒边搅拌，煮沸。准备直径16厘米的模具，包上保鲜膜，放在铺有高温烤垫的烤盘上，灌入果冻液体，放入冰箱冷藏凝固。用水滴形的模具刻出形状。

蔓越莓车厘子啫喱

9 所有材料加入单柄锅中，加热至啫喱化开。用保鲜膜贴面包裹，放入冰箱冷藏凝固。

香草橄榄油

10 盆中加入橄榄油和香草籽，混合拌匀。

组装与装饰

11 准备好喷了白色可可脂的盘子。蔓越莓干切切碎；青苹果切小丁，与香草橄榄油拌匀。

12 往瑞士蛋白糖里挤入白奶酪香缇，放入椰子康宝乐，放入香橙杏仁蛋糕坯，挤入蔓越莓车厘子啫喱，放入蔓越莓干。

13 挤入白奶酪香缇，用弯柄抹刀抹平整，放上拌了香草橄榄油的青苹果。

14 放上水滴形蔓越莓果冻，用刨丝器刨出青柠檬皮屑。

15 摆盘装饰即可。

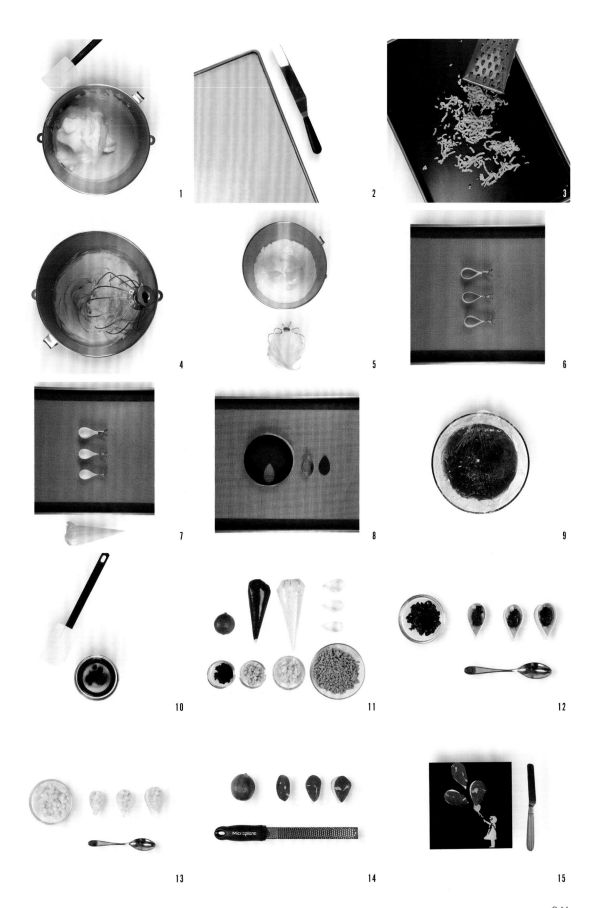

香蕉百香果舒芙蕾

材料（可制作8个）

百香果基础卡仕达酱
宝茸菠萝果泥　90克
宝茸百香果果泥　90克
玉米淀粉　25克
带籽百香果原浆　30克

舒芙蕾液
百香果基础卡仕达酱
（见左侧）200克
细砂糖　110克
蛋清　180克
朗姆酒　20克

香蕉百香果雪芭
宝茸百香果果泥　100克
宝茸香蕉果泥　160克
细砂糖　56克
转化糖浆　15克
鲜榨橙汁　50克
雪芭稳定剂　1.5克

装饰
肯迪雅乳酸发酵黄油
黄糖
防潮糖粉

制作方法

百香果基础卡仕达酱

1　将制作百香果基础卡仕达酱的材料准备好。

2　在单柄锅中放入百香果果泥、菠萝果泥和玉米淀粉，慢慢升温加热至沸腾；加入带籽百香果原浆，拌匀后倒入盆中，用保鲜膜贴面包裹，放入冰箱冷藏（4℃）12小时。

舒芙蕾液

3　将制作舒芙蕾液的材料准备好。

4　在厨师机的缸中倒入蛋清和细砂糖，用球桨中速打发成鹰嘴状。将百香果基础卡仕达酱放入单柄锅中，加入朗姆酒，搅拌均匀后慢慢加热至50℃；加入1/4的打发蛋白，搅拌均匀，加入剩下的打发蛋白，用软刮刀小心搅拌均匀后马上使用。

小贴士
在搅拌过程中动作需要小心轻柔，留住尽量多的气泡，这些气泡能够增加舒芙蕾的口感和质地。

香蕉百香果雪芭

5　将制作香蕉百香果雪芭的材料准备好。

6　在单柄锅中倒入橙汁和转化糖浆，加热至35~40℃，筛入搅拌均匀的细砂糖和雪芭稳定剂，再次加热至75~80℃。加入百香果果泥和香蕉果泥，使用均质机均质乳化后放入冰箱冷藏（4℃）12小时。

7　将雪芭液放入冰激凌机内之前，再次用均质机均质乳化。雪芭做好后，用冰激凌挖球勺挖出直径4厘米的球后放入-18℃的环境中冷冻保存。

小贴士
之所以用手指在模具边划过一遍，目的是使烤制过程中舒芙蕾的增长高度一致。

组装与装饰

8　用毛刷将软化黄油在舒芙蕾模具内薄薄刷一层，并撒上一层黄糖。将舒芙蕾液放入装有直径16毫米裱花嘴的裱花袋中，在准备好的模具中挤入舒芙蕾液至2/3的高度。

9　借助抹刀将舒芙蕾液挂边，放入雪芭球；再次挤入舒芙蕾液，用弯抹刀抹平整，用手指在模具边划过一遍。放入风炉，230℃烤4~5分钟。烤好后撒防潮糖粉装饰即可。

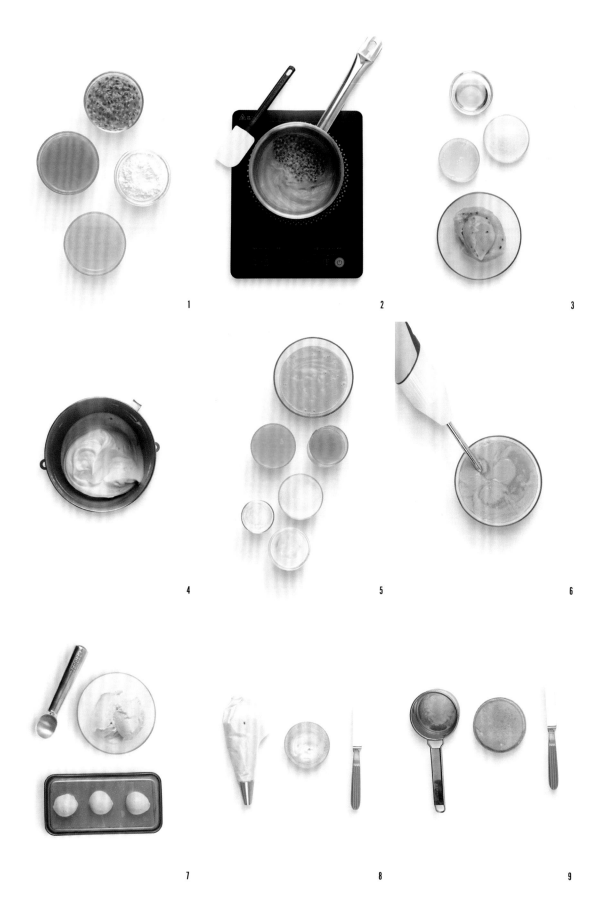

1

2

3

4

5

6

7

8

9

巧克力和糖果类

榛子树莓小熊

材料（可制作20个）

榛子沙布列
肯迪雅布列塔尼黄油片　100克

细盐　1.7克

糖粉　50克

榛子粉　50克

王后T65经典法式面包粉　200克

全蛋　41.7克

可可脂粉　适量

树莓棉花糖
200凝结值吉利丁粉　16克

宝茸树莓果泥A　200克

转化糖浆A　80克

细砂糖　110克

宝茸树莓果泥B　17.5克

转化糖浆B　45克

装饰
柯氏71%黑巧克力

巧克力配件

可可颜色的可可脂（配方见P37）

制作方法

小贴士

可以先将配方中的榛子粉放入风炉，150℃烘烤上色后再进行制作，这样可以使榛子的风味更佳。

榛子沙布列

1　将制作榛子沙布列的材料准备好。所有材料保持在4℃，此温度等同于冷藏冰箱的温度。

2　在破壁机的缸中放入所有干性材料和切成小块的冷黄油，搅打成沙砾状（看不见黄油的质地）；加入打散的全蛋液，再次搅打成团后放在桌面上，用手掌碾压均匀。

3　放在两张烘焙布中间压成3毫米厚，转入冰箱冷藏（4℃）12小时。用小熊形状的模具将面团切割，放在铺有硅胶垫的烤盘上，放入风炉，150℃烤20~25分钟。小熊形状沙布列烤好后出炉，撒上可可脂粉。

树莓棉花糖

4　将制作树莓棉花糖的材料准备好。

5　将树莓果泥A与吉利丁粉混合均匀备用；单柄锅中加入树莓果泥B、细砂糖和转化糖浆B，加热至110℃。

6　转化糖浆A倒入打发缸中，加入步骤5的糖浆水和融化至50℃的吉利丁混合物，用球桨打发至28~30℃。

7　在一张抹了脱模剂的硅胶垫上放两个1厘米的厚度尺，将棉花糖倒入并抹平整，在20~22℃的环境中静置12小时。将凝结好的棉花糖用小熊切割模具切割。

组装与装饰

8　将可可脂融化至50℃，降温至30℃后喷在烤好的榛子沙布列表面，挤上调温好的黑巧克力，放上树莓棉花糖。

9　将整个产品浸入调好温的黑巧克力里，完全包裹后借助松露叉取出，抖掉多余的巧克力，等待凝结后放上巧克力配件，在17℃的环境中结晶12小时即可。

牛轧糖

材料（可制作约200个）

水 100克

细砂糖A 281克

葡萄糖浆 337克

香草荚 1根

牛轧糖预拌粉（Louis François） 25克

薰衣草蜂蜜 281克

蛋清 130克

细砂糖B 121.5克

可可脂粉 7.5克

杏仁 385克

榛子 100克

绿色开心果 100克

可食用威化纸 适量

制作方法

1 将制作牛轧糖的材料准备好。

2 将榛子和杏仁倒在烤盘上，放入风炉，150℃烤至坚果中间上色。

3 把香草荚剖开，刮出香草籽。将薰衣草蜂蜜、香草籽倒入单柄锅中，加热至沸腾备用。

4 在另一个单柄锅中放入水、细砂糖A、牛轧糖预拌粉和葡萄糖浆。加热至160℃，倒入步骤3的液体。

5 在厨师机的缸中放入蛋清和细砂糖B，用球桨打发至慕斯状，将步骤4的液体慢慢倒入。继续搅打并用火枪烧缸，加入可可脂粉，将其融化在热的混合物中。

6 将搅打好的材料倒在喷了脱模剂的硅胶垫上，一点点加入烘烤过的坚果和绿色开心果，所有坚果都加入后，整形成圆柱体。

7 在两段式的方形模具中喷上脱模剂，模具中放入可食用威化纸，并放入550克牛轧糖。在表面再放上一张可食用威化纸，并用擀面杖擀至牛轧糖平整，放在17℃的环境中静置24小时。

8 牛轧糖脱模后切割成1.3厘米厚的片。

9 将这些1.3厘米厚的片重新切割成长11厘米、宽8厘米的方块。用包装袋包裹后保存即可。

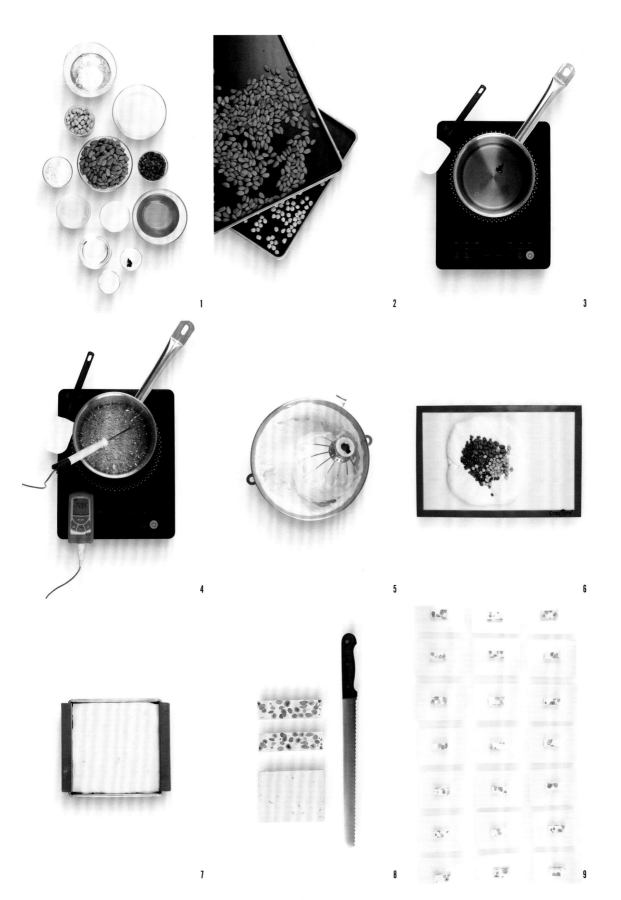

朗姆酒松露

材料（可制作36个）

松露甘纳许

肯迪雅稀奶油　170克

橙子皮屑　2克

转化糖浆　12克

柯氏71%黑巧克力　242克

柯氏43%牛奶巧克力　67克

肯迪雅乳酸发酵黄油　20克

朗姆酒　37克

装饰

柯氏71%黑巧克力

可可粉

制作方法

松露甘纳许

1　将制作松露甘纳许的材料准备好。

2　将稀奶油、转化糖浆、黄油和橙子皮屑放入单柄锅中，加热至75~80℃。

3　煮好后过筛（此步骤是为了去除液体中的橙子皮屑），将其倒在黑巧克力和牛奶巧克力上，用均质机将其均质乳化。

4　加入朗姆酒后再次均质乳化，将乳化好的甘纳许倒入裱花袋中，降温至28~29℃，倒入方形模具中，在17℃的环境中静置结晶24小时。

组装与装饰

5　将结晶好的甘纳许脱模，用刀切割成2厘米见方的方块（也可以用生巧切割工具）。

6　切割好的甘纳许用手搓成想要的形状。

7　用调温后的黑巧克力给甘纳许做第一次披覆，并在17℃的环境中结晶12小时。

8　用调温后的黑巧克力做第二次披覆，并放入可可粉中，静置直至完全结晶，取出，筛掉多余的可可粉，并保存在17℃的环境下即可。

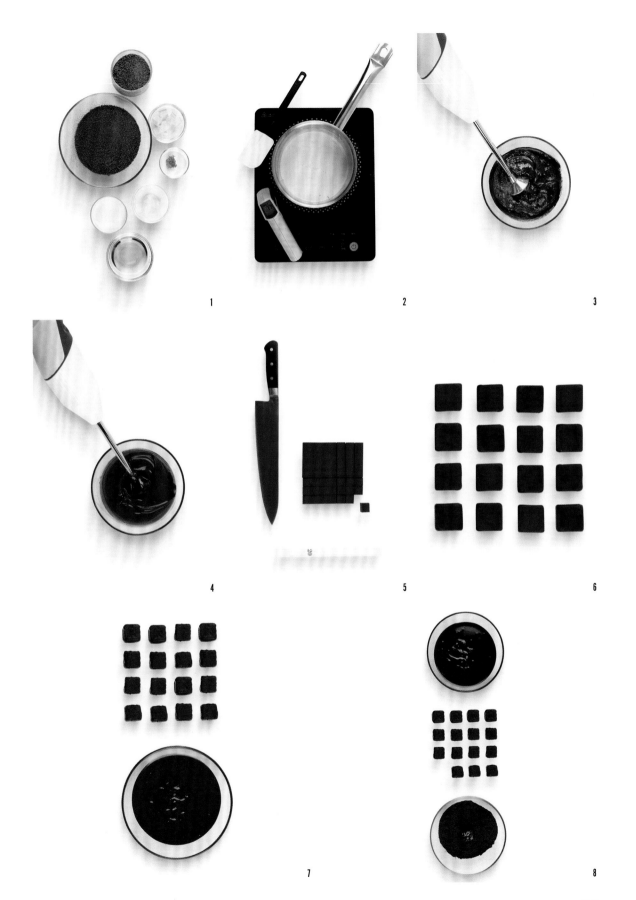

白兰地酒心巧克力糖果

材料（可制作42个）

白兰地糖水
细砂糖　500克

水　166克

葡萄糖浆　16.5克

白兰地　100克

榛子赞度亚
100%榛子酱　140克

糖粉　33克

菊粉　33克

柯氏43%牛奶巧克力　47克

可可脂　47克

盐之花　0.5克

装饰
可可颜色的可可脂（配方见P37）

柯氏55%黑巧克力

柯氏43%牛奶巧克力

制作方法

白兰地糖水

1 将制作白兰地糖水的材料准备好。

2 将水、细砂糖和葡萄糖浆倒入单柄锅中，加热至沸腾，加热过程中用冷水和小勺将糖水表面的浮沫撇去。将糖水加热至106~107℃，在20~22℃的环境中放置降温至50℃，降温期间不要搅拌。将白兰地倒入稍大的盆中，倒入降温的糖水。然后在两个容器中来回翻倒五六次后倒入裱花袋中，并确保温度为28~30℃时使用。

小贴士

赞度亚如同巧克力，需要调温后使用，并需要放在17℃的环境中结晶。

榛子赞度亚

3 将制作榛子赞度亚的材料准备好。

4 将100%榛子酱、糖粉、菊粉和盐之花倒入破壁机中，搅打细腻。加入融化至45~50℃的牛奶巧克力和可可脂，再次搅打细腻。降温至24℃后倒入盆中，搅拌均匀（如果需要可以稍微加热）后放入裱花袋中。

小贴士

每一步的静置时间都非常重要，它决定着巧克力的成功与否。

组装与装饰

5 将可可颜色的可可脂融化后坐冷水降温至27~28℃，用喷砂机喷在模具内。

6 将黑巧克力调温后灌入模具中，敲打后翻转去除多余的巧克力，做好巧克力外壳部分。

7 将降温的白兰地糖水挤入巧克力外壳中至2/3的高度。放置在17℃的环境中静置至少24小时（降温期间不可晃动模具）。等糖水结晶后，在表面挤上榛子赞度亚。

8 等榛子赞度亚结晶后，挤入调温黑巧克力，用小弯抹刀抹平整后，用调温刀去除多余的巧克力，放在17℃的环境中静置12小时结晶。

9 脱模的糖果放在网架上，牛奶巧克力调温后用裱花袋挤在糖果上，用喷砂机将多余的巧克力吹掉（最好使用专门披覆巧克力的机器）。在17℃的环境中静置12小时结晶即可。

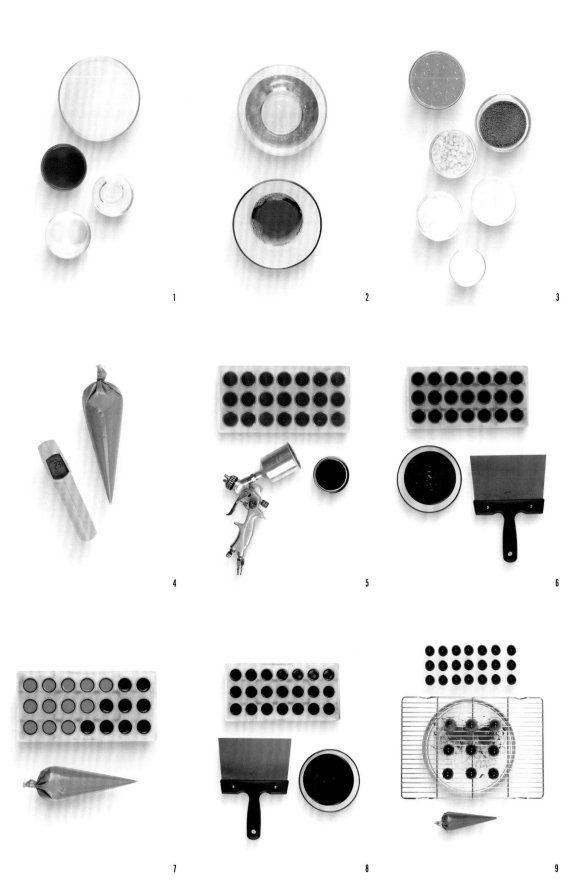

门店升级设备找金城

中国商用制冷设备和烘焙设备制造商

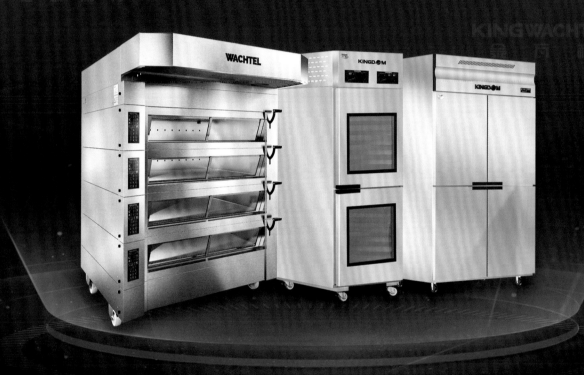

展示柜 · 商用冷柜 · 组合式冷库 · 烤炉 · 高端定制

160000㎡
生产基地

500+
国家专利

500+
精细工艺

180+
售后网点

80年的热爱与创新，与您共享水果之精华

秉承对于水果一贯的热情，历经80年的传承和创新，宝茸已遍布全球80个国家和地区，提供50种口味的冷冻水果果泥和140多种水果相关产品。目前，全系列水果口味均提供不含添加糖的冷冻水果果泥。

宝茸从不妥协品质。从甄选优质水果和果园，到混合、巴氏杀菌和包装，每一步都经过精心和规范的处理。宝茸冷冻不含添加糖果泥旨在呈现原汁原味的天然水果风味。这种出色的水果解决方案将助您实现水果剂量添加上的无限自由，创作出更加美味的作品。

真正的创新工艺　　真正的法国制造